Der pure Erfolgsgeschmack

Mit dem richtigen Erfolgs-Mindset
zu der besten Version deiner Selbst

Der pure Erfolgsgeschmack

Mit dem richtigen Erfolgs-Mindset zu der besten Version deiner Selbst

Ein energiegeladener Booster, der nachwirkt

1. Ausgabe Juni 2023
ISBN: 978-99959-0-875-1

E-Mail: info@luchammer.de
Webseite: luchammer.de
Anschrift: Hammer Luc, c/o autorenglück.de
Franz-Mehring-Str. 15, 01237 Dresden

Umschlagsgestaltung: Andreas & Jannik Krämer – weareajk.de
Lektorat: Janet Zentel – bookerfly.de
Korrektorat: Ilka Sommer – autorin-ilka-sommer.de
Buchsatz: Mary Kuniz – marykuniz.de/herzblut-buchsatz

Für dich!

Dieses Buch gehört nun dir.
Aber Achtung: Es könnte deine Realität verändern.
Du wurdest gewarnt!

Contents

Vorwort

Herzlich willkommen, lieber Leser!*

Ich bin sehr dankbar, dass du dich für mein Buch *Der pure Erfolgsgeschmack* entschieden hast. Wenn du bereits mein erstes Buch *GOLDEN BRAIN – Lerne die Grundlagen des Investierens und werde finanziell unabhängiger* gelesen hast, freue ich mich, dich erneut begrüßen zu dürfen. Ich hoffe, du konntest von den Tipps und Strategien aus meinem ersten Buch profitieren und bist bereit, gemeinsam mit mir den nächsten Schritt zu gehen.

Bist du ein neuer Leser, dann heiße ich dich herzlich willkommen und bin begeistert, dass du dich dafür entschieden hast, deine Erfolgsreise mit mir zu starten. Ich danke dir für dein Vertrauen. Dieses Buch hat als Ziel, deine Lebensqualität entscheidend zu verbessern. Ich möchte dich inspirieren, in allen Bereichen deines Lebens erfolgreich zu sein – sei es in deiner Karriere, in deiner Gesundheit, in finanzieller Hinsicht, im Sport oder in zwischenmenschlichen Beziehungen.
Ich möchte dich ermutigen, deine Komfortzone zu verlassen und dich auf den Weg zu machen, um deine Ziele und Träume zu verwirklichen. Ich werde dir bewährte Methoden und Strategien an die Hand geben, die dich dabei unterstützen, dein volles Potenzial zu entfalten und die erfolgreichste Version deiner selbst zu werden. Alles, was ich in diesem Buch erwähne,

---

*Wenn in *Der pure Erfolgsgeschmack* auf Leser, Lehrer, Protagonisten, Arbeitskollegen, Investoren, Unternehmer, Sportler, Partner oder andere verwiesen wird, schließt dies selbstverständlich sämtliche Geschlechter mit ein.

habe ich geprüft, hinterfragt und in irgendeiner Weise erfolgreich angewendet.

Du kannst Seminare besuchen, Sachbücher lesen und jede Menge Tools für deine Organisation nutzen, aber all dies bringt dich nicht weiter, wenn deine innere Einstellung - dein Golden Brain - nicht richtig gepolt ist! Denn:

Gewonnen und verloren wird zwischen den Ohren!

Dein Mindset ist die größte Herausforderung und wichtigste Baustelle, um erfolgreich zu sein. Deine innere Welt bestimmt deine äußere Welt!
Was dies genau bedeutet und wie du deine innere Welt auf Vordermann bringen kannst, erfährst du, indem du diesen Erfolgslatte genüsslich ausschlürfst. Ich werde dir einige Erfolgsgaranten mit auf den Weg geben, aber es reicht nicht, diese einfach nur zu lesen. Du musst es studieren, projizieren, sprechen und leben - jeden Tag.
Markiere oder unterstreiche dir sämtliche AHA-Momente, die du erlebst, denn sie können dir vielleicht den Extra-Boost verpassen, den du benötigst um erfolgREICHER zu werden.

Ich hoffe, das Lesen dieses Buches macht dir genauso viel Spaß wie mir das Schreiben. Nimm dir einen Kaffee oder ein anderes Getränk zur Hand und dann legen wir los.

Kalimera - Für den Juwelier am Yachthafen

„Wenn ich mich im Leben näher mit etwas beschäftige, dann schreibe ich darüber ein Buch."

Dieses Commitment steht so in meinem Notizbuch. Wenn ich mich mit etwas tiefer beschäftige, mich reinknie, Gedankengänge immer wieder durchgehe, optimiere und aneinanderreihe, weshalb soll ich dies dann nicht in Form eines Buches mit dir lieber Leser teilen?
Quasi denken auf Papier. Durch das Niederschreiben meiner Gedanken kann ich sie sortieren und strukturieren. Es hilft mir, meine Überlegungen in eine sinnvolle Reihenfolge zu bringen. Dabei diszipliniere ich mein Gehirn, sich einmal länger mit etwas auseinanderzusetzen. Tue ich das nicht, ertappe ich mich, wie ich von einem Gedankengang zum nächsten springe und die Sache nie bis zu Ende durch überlege.
Deshalb lautet einer meiner Lebensmottos:

Wer gut schreiben kann, kann auch gut denken.

Wie so viele reise auch ich leidenschaftlich gerne. Damit meine ich nicht nur Besichtigungen der Nachbarländer, sondern mich interessieren viel mehr andere Kontinente, andere Kulturen.
Mein erstes Buch *Golden Brain - Lerne die Grundlagen des Investierens und werde finanziell unabhängiger* setzte ich mir als Ziel, nachdem ich das zweite Mal in Dubai gewesen war. Ich ließ mich vom unglaublichen Money-Mindset in der Stadt der Superlative infizieren

und das Thema Geld und Investments ließ mich bis heute nicht mehr los. Ich fühlte mich, als hätte mir jemand eine neue Geldmentalität nachträglich in meine DNA eintätowiert.

Dieses Buch *Der pure Erfolgsgeschmack* setzte ich mir während einem Griechenlandurlaub in mein Zielejournal. Du siehst, ich schreibe mir meine Ziele auf, um diese auch zu erreichen.

Zu unserem Hotelkomplex gehörte ein Yachthafen, der extra dafür konzipiert war, dass die Gäste mit ihren Yachten anlegen konnten.

Nach jedem Abendessen schlenderten meine Frau und ich an der Hafenpromenade entlang, setzten uns auf eine der vielen Terrassen an der Marina und ließen den Tag mit einem Kaffee inklusive Blick aufs Meer ausklingen. Wir betrachteten, wie die Sonne langsam unterging und den Hafen mit einem goldenen Licht füllte.

An den Kais fiel mir seit Tagen ein gastfreundlicher Mann auf, der immer wieder probierte, mit den Yacht-Crews Kontakt aufzunehmen. Umgeben von einer sanften Geräuschkulisse an Klaviermusik inspizierte ich ihn ganz genau. Er trug zwei Koffer bei sich und je edler die Yacht, desto entschlossener wirkte er. Dies sah man ihm an seiner aufrechten und selbstbewussten Körperhaltung an. Bei jeder Handlung, die er ausführte, konnte man seine Entschlossenheit und seinen eisernen Willen förmlich spüren.

Später stellte sich heraus, dass dieser Kerl ein Juweliergeschäft direkt am Hafen hatte. Durch seinen Mut, die Superreichen zu akquirieren*, machte er sich mit seinen Edelstein- und Diamantenkreationen auf der Insel einen Namen.

Ich sah mich irgendwo in ihm wieder. Er war durch und durch ein erfolgshungriger Geschäftsmann, der sich auch nicht durch schreiende Bordmitglieder verunsichern ließ. Er gab nicht auf und versuchte jeden

---

*Beim Akquirieren geht es darum, potenzielle Kunden zu identifizieren, anzusprechen und zu überzeugen.

Abend aufs Neue seinen Schmuck an den Mann oder vielmehr die Frau zu bringen.

Kennst du das? Du siehst etwas und plötzlich kommt dir eine Idee in den Sinn? Ein Geistesblitz. Genau solch einen Ideenschub gab dieser Grieche mir.
Ich hatte plötzlich das Bedürfnis, meine Passion und mein Wissen in Bezug zum Thema Erfolg und Persönlichkeitsentwicklung in einem weiteren Buch verewigen zu wollen. Da dieser Mann mir den finalen Schubser gab, mit dem Schreiben zu beginnen, widme ich ihm diese Einleitung als Dankeschön.

Dein Commitment

In meinem Fitnessstudio laufen auf großen TVs ständig Motivationsvideos, in denen man Athleten beim Trainieren zusehen kann. Während ich zwischen meinen Übungssätzen eine kleine Trinkpause einlegte und auf einen der Fernseher blickte, sah ich einen energiegeladenen Athleten, der bei seinen Sprints einen Autoreifen hinter sich herzog. Als das kurze Video zu Ende war, wurde ein Steckbrief mit folgendem Zitat dieses Kraftpakets eingeblendet:

„Die meisten scheitern,
da sie nicht lange genug dranbleiben!"

Ich reflektierte den Spruch kurz und stellte schnell fest, dass genau diese Konsistenz und Ausdauer, dranzubleiben, den meisten in der Tat abhandengekommen ist.
Im Gym sieht man immer wieder Neulinge, die euphorisch von 0 auf 100 durchstarten. Sie stellen ihre Ernährung komplett um und stemmen täglich Gewichte. Das ziehen die meisten dann einige Wochen durch und dann sieht man sie nie wieder.
Die Betreiber des Studios bestätigten mir auf Nachfrage, dass der Großteil der Kündigungen zwischen zwei und sechs Monaten eingehen. Hat man es jedoch geschafft, sechs Monate regelmäßig zu trainieren, so hat man eine Gewohnheit entwickelt und bleibt eher am Ball.

Erfolg erleben nur diejenigen, die dranbleiben.

Wenn du nicht an einer Sache dranbleibst, wirst du nie erfolgreich sein. Dies gilt nicht nur im Sport, sondern für jegliche Bereiche im Leben.

Ich fühle mich beim Schreiben oft, wie es der berühmte Kultschriftsteller Kurt Vonnegut[1] einmal beschrieben hat:

„Beim Schreiben fühle ich mich wie ein Mensch ohne Arme und Beine, der den Stift im Mund hat."

Trotzdem hältst du nun mein zweites Buch in Händen. Bring mal was zu Ende. Genau damit beginnst du jetzt und heute!
Denke daran. Dieses Buch ist ein Erfolgslatte. Wenn du ihn nur bis zur Hälfte austrinkst, wird er auch nur die halbe Wirkung entfachen.

Dein Commitment:

Ich, (Name) ___________________, werde dieses Buch *Der pure Erfolgsgeschmack* von Hammer Luc bis zum (Datum) _______________ zu Ende lesen, mir wichtige Stellen markieren und an mir arbeiten, erfolgreicher zu werden.

Unterschrift: ___________________

Datum: ______________

Falls es dir hilft, kannst du dein Commitment auch öffentlich machen. Poste gerne ein Foto vom Buch auf Instagram und tagge meinen Account:
@luc.hammer

Instagram

„Erfolg ist eine Treppe, keine Tür."
Dottie Walters

Im Verlauf des Buches, wirst du immer wieder auf dieses Kaffeesymbol stoßen. Dies sind Power Tipps, die dir einen extra Boost verpassen werden.

Dein Erfolgssandwich

Um ein erfolgreiches, glückliches und erfülltes Leben zu führen, brauchst du ein perfekt belegtes Sandwich. Ja, du hast richtig gelesen, ein Sandwich. Dieses setzt sich aus drei Komponenten zusammen:

1) Unterste Brotschicht – Die Gesundheit

Ist man nicht gesund, so wird alles andere zur Nebensache. Die Vernachlässigung deiner Gesundheit führt mit sich, dass du dich schlapp, schwach und unwohl

fühlst. Ja, du kämpfst mit einer eingeschränkten Lebensqualität. Es fällt dir schwer, Freizeitaktivitäten zu genießen und soziale Kontakte zu knüpfen.
Wenn du in anderen Bereichen erfolgreich bist, deine Gesundheit vernachlässigst, schlechte Essgewohnheiten hast, dich nicht ausreichend bewegst, ja dann wird dich dieser so wichtige Bereich irgendwann in den Hintern beißen.
Dass mit der Gesundheit nicht zu spaßen ist, das spüren wir Männer schon bei der viel gefürchteten Männergrippe.
Fehlt dir die unterste Brotschicht oder ist sie nicht stabil, so hält das Sandwich nicht zusammen. Ohne eine intakte Gesundheit fehlt dir das so wichtige Fundament.

2) Der Aufstrich – Geld/Deine finanzielle Situation

So wie du die Verantwortung über deine eigene Gesundheit übernimmst, ist es auch deine Verpflichtung, dich um deine Finanzen zu kümmern. Hat nun jemand Übergewicht, dann ist ihm meistens klar, dass er sich zu wenig bewegt und zu viel oder das Falsche isst. Wenn aber jemand finanzielle Probleme hat, dann kommen erstmal Ausreden. Ich bin zu jung, ich bin zu alt, ich habe nicht studiert, ich bin nicht intelligent genug, meine Eltern sind schuld. Nein! Du allein bist verantwortlich für deine Finanzen. Du entscheidest, mit welchen Gefühlen und Sichtweisen du dieses so wichtige Thema angehst.
Bill Gates sagte einmal:

„Wenn du arm geboren wirst, ist es nicht deine Schuld. Aber es ist deine Schuld, wenn du arm stirbst."

Ohne Aufstrich kannst du das Sandwich wohl essen, das Leben ist allerdings mit ständigen Geldsorgen nicht wirklich schmackhaft. Geld ist deine Eintrittskarte zu mehr Lebensqualität. Es macht dich unabhängiger und freier.

Wer aber weiterhin der Meinung ist, dass Geld nicht wichtig sei, der möchte mit solch einer Aussage lediglich sein Gewissen beruhigen und es als Ausrede nutzen, um seine finanzielle Intelligenz nicht fördern zu müssen.

3) Oberste Brotschicht – Die Beziehungen

Ein weiterer, sehr wichtiger, Bereich ist die soziale Anerkennung, welche eine zentrale Rolle bei der Entwicklung des Selbstwertgefühls und des Selbstbewusstseins einer Person spielt. Hierzu gehören eine glückliche Partnerschaft, gute Freunde und eine Familie, die zusammenhält.
Im Bereich Beziehungen findet sich aber auch die Persönlichkeitsentwicklung wieder. Die so wichtige Selbstentwicklung ist ein fortwährender Prozess, der darauf abzielt, das individuelle Potenzial maximal auszuschöpfen und dadurch ein erfüllteres Leben zu gestalten. Schaffst du es, deine persönliche Weiterentwicklung voranzutreiben, so wirst du bessere Karrieremöglichkeiten nutzen können und allgemein ein erfolgreicheres Privat- und Berufsleben führen.
Auch dieser Bereich ist essenziell und notwendig, um das perfekte Sandwich abzubilden. Die oberste Sandwich-Schicht gibt deinem Leben den Crunch und Biss, den es benötigt.

Ich habe gelernt, dass das Leben aus mehr besteht als nur einem Bereich. Es geht nicht nur um das Verdienen von Geld, das Erreichen von Business-Zielen, das Finden der perfekten Beziehung oder das Erreichen sportlicher Höchstleistungen.
Wenn du dich ausschließlich auf einen Bereich fokussierst und alles andere vernachlässigst, kann es passieren, dass, wenn du genau diese Sandwich-Schicht verlierst, in dir eine Welt zusammenbricht. Ich spreche aus Erfahrung. Als junger Mann hatte ich mich komplett auf das Radfahren fokussiert und ignorierte dabei alle anderen Bereiche meines Lebens. Profisportler zu werden war mein großer Traum.

Ich dachte, ich könnte alles erreichen, solange ich auf meinem Fahrrad saß. Aber als Verletzungen und Krankheiten mich ausbremsten, erkannte ich, dass ich mich geirrt hatte. Ich hatte alles andere vernachlässigt, und es gab nichts, was mich hätte auffangen können. Ich musste lernen, dass es darum geht, alle Lebensbereiche in Einklang zu bringen.

Ein wichtiger Faktor für den Erfolg ist die Fähigkeit, die eigenen Stärken und Schwächen in jedem Bereich auszubalancieren.

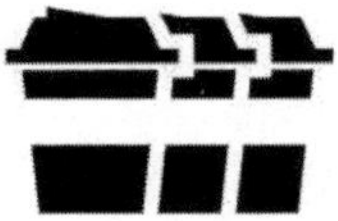

Jeder Bereich deines Lebens – ob Finanzen, Karriere, Beziehungen oder Gesundheit – ist essenziell für die Zubereitung deines perfekt abgeschmeckten Sandwiches. Nur wenn alle Zutaten harmonisch zusammenarbeiten, kannst du ein hervorragendes Sandwich genießen. Du kannst so einiges im Leben aufs Spiel setzen, doch möchtest du Erfolg erlangen, dann darfst du deine 3 Sandwich-Schichten nie vernachlässigen. Ich werde dir in diesem Buch helfen, deine Zutaten zu harmonisieren und neue Geschmackswelten zu erkunden.

Wie definiert man Erfolg?

Jeder definiert Erfolg anders. Du kannst zehn Menschen danach fragen und bekommst zehn verschiedene Definitionen. Verstehst du unter Erfolg, ein Haus zu besitzen, in einer glücklichen Beziehung zu sein, finanziell unabhängig zu sein, eine stabile Gesundheit zu haben oder gute Freunde zu besitzen?
Lehne dich zurück und mache dir kurz Gedanken.

Was bedeutet Erfolg für dich? Wann bist du erfolgreich?

____
____
____
____

Meine persönliche Definition von Erfolg

Neulich schlug ich immer wieder kräftig auf den Boden der Ketchup-Flasche.

Mein Sohn sah mir ungeduldig zu und animierte mich ununterbrochen: „Noch mehr. Noch mehr Papa."

Doch so viel Mühe ich mir auch gab, es tröpfelte nur ganz langsam etwas heraus.

Ich blieb dran, wollte meinen Sohn nicht enttäuschen und WUUUMS, mit einem Schlag landete die halbe Ketchup-Flasche auf seinem Teller.

Herzlichen Glückwunsch zum Ketchup-Flaschen-Effekt!

Du hast den ersten Schlag gemacht. Die Masse in der Flasche hat sich etwas bewegt, doch bis sie der Schwerkraft nicht mehr widerstehen kann, benötigt es

noch weitere Impulse. Erfolgreich wirst du nicht geboren. Erfolg musst du dir erarbeiten, genau wie bei der Ketchup-Flasche.
Erfolg ist für mich in erster Linie Fortschritt!
Erfolg ist ein Prozess, der nie endet.
Erfolg ist, seine persönlichen Ziele zu erreichen.
Du bist aber nicht erst erfolgreich, wenn du dein Endziel erreicht hast, sondern schon auf dem Weg dorthin. Nehmen wir das Ziel von vielen Menschen: Abzunehmen. Dein Endziel sind 10 Kilogramm weniger auf den Rippen.
Hast du 3 Pfund abgespeckt, dann hast du dich schon auf den Weg zu deinem Ziel gemacht. Du bist ab dem Zeitpunkt erfolgreich, wo du entschlossen die ersten Schritte gehst und erste Fortschritte machst. Da du gerade dabei bist, abzunehmen, zeigt dies, dass deine Herangehensweise funktioniert. Dies solltest du dann auch als ersten Erfolg wahrnehmen. Es ist wichtig, sich dessen bewusst zu sein, denn Erfolg fühlt sich oft nicht nach Erfolg an.

Erfolg ist wie ein Selfie – es sieht für andere oft besser aus als für dich selbst.

Als Autor fühle ich mich jeden Tag, an dem ich ein neues Kapitel aufs Papier bringe, erfolgreich.
Als Sportler fühle ich mich nach jeder Trainingseinheit erfolgreich.
Als Papa fühle ich mich jeden Tag erfolgreich, an dem ich meinen Sohn glücklich machen kann.
Als Ehemann fühle ich mich erfolgreich, wenn meine Frau glücklich und zufrieden ist.
Als Verkäufer fühle ich mich erfolgreich, wenn ich dem Kunden einen Mehrwert bieten konnte.

Erfolg ist ein Spiel der Offensive. Wenn du offensiv spielst, spielst du, um zu gewinnen.
Handelst du in deinem Leben stets passiv, so spielst du vielmehr, um nicht zu verlieren.
Wenn du dein Leben so lebst, um nicht zu verlieren, dann wirst du nie erfolgreich.

Die Menschen, die besonders oft ihre Komfortzone verlassen, sind auch die, die erfolgreicher sind als andere.

Die meisten rennen am Anfang ihrer Karriere mit ihrer Gesundheit dem Geld hinterher. Gegen Ende laufen sie dann ihrer Gesundheit mit ihrem Geld hinterher.

Als ich anfing zu arbeiten, habe ich Erfolg an meinem Gehalt, Flugmeilen-Status und Firmenwagen festgemacht. Ja, man könnte sagen, dass auch ich mich für dieses veraltete Erfolgsmodell aufgeopfert habe. Heute sehe ich das zum Glück etwas anders.
Erfolg bedeutet so viel mehr, als sich für Geld und Status kaputtzumachen und keine Zeit für sich selbst und seine Familie zu haben.
Erfolg steht für mich neben „Fortschritt" nämlich noch für was anderes.
Je mehr Zeit ich mit Aktivitäten verbringe, die ich liebe und mir Freude bereiten, desto erfolgreicher bin ich. Im Gegenzug sollte man möglichst wenig Zeit mit unliebsamen Tätigkeiten verschwenden.

Erfolg ist vielschichtig, genau wie dein Sandwich. Du kannst Erfolg in jedem noch so kleinen Bereich in deinem Leben etablieren.

„Erfolg ist kein Ziel, sondern eine Reise."
Zig Ziglar

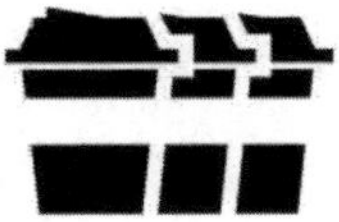

Du allein bestimmst jeden Morgen, wenn du die Augen öffnest, wo deine Reise hingeht.

Persönliche Weiterentwicklung liegt immer außerhalb der Komfortzone. Wenn du kontinuierlich das gleiche tust, wirst du dich nicht weiterentwickeln. Warum sollte dein Körper oder Geist sich auch verändern, wenn er immer die gleichen Impulse bekommt?
Erhöhe regelmäßig deine Standards in allen 3 Sandwichbereichen. Kleinkinder verlassen ständig ihren Gewohnheitsbereich. Sie verlassen ihn, indem sie sprechen und laufen lernen, neue soziale Kontakte knüpfen oder neue Lebensmittel ausprobieren. Im erwachsenen Alter überschreiten wir hingegen immer weniger diese Grenze. Was das angeht, sollten wir unsere Kinder als Vorbild nehmen und ebenfalls nicht aufhören, unsere Grenzen zu erweitern.

Der Erfolg liegt immer außerhalb der Komfortzone.

Um deine Komfortzone zu verlassen, musst du deinen inneren Schweinehund immer an der kurzen Leine halten. Dieser hat nämlich nur Ahnung von Komfort; von Erfolg hat er noch nie etwas gehört. Möchtest du erfolgreich werden, dann gewöhne dir ab, auf ihn zu hören.
Was fällt dir spontan ein, wo du dich immer wieder in deiner Komfortzone versteckst?

„Du kannst den Ozean nicht überqueren, wenn du nicht den Mut hast, die Küste aus den Augen zu verlieren.“
Christoph Kolumbus

Das innere GPS – Der Wegweiser zu deinen Zielen

Kennst du das Gefühl, wenn du einen Kaffee oder Matcha Latte getrunken hast? Dopamin und Adrenalin werden freigesetzt, was vor allem unser zentrales Nervensystem stimuliert. Koffein aktiviert unseren Stoffwechsel und Kreislauf, was zur Folge hat, dass wir konzentrierter sind und leichter Sachen umsetzen. Wir sind schlichtweg produktiver.
Um die Antriebslosigkeit zu überwinden und die Motivation zu stärken, brauchen Millionen Menschen Koffein. Ohne ihren Kaffee am Morgen fällt es ihnen schwer, mit Schwung in den Tag zu starten. Das Koffein ist jedoch nur ein kurzes Aufputschmittel.

Viel nachhaltiger sind das Dopamin und Adrenalin, die auf natürliche Weise freigesetzt werden, wenn du ein klares Ziel verfolgst. Ziele wirken nicht nur als Booster, nein, sie sind dein Erfolgsgarant![2]

Ich verbringe gerne Zeit in Städten wie Singapur, Abu Dhabi, Dubai oder New York. Solche lebhaften und pulsierenden Orte gehören zu meinen regelmäßigen Reisezielen und sind mein Espresso. Einmal gelandet, spüre ich, wie sich das Koffein in meinem Körper ausbreitet und meine Sinne aktiviert. Diese vier Städte haben mich zu dem Menschen gemacht, der ich heute bin. Sie haben mich erfolgreich, glücklich und wohlhabend gemacht. Diese Energie, die diese Weltmetropolen mir geben, ist unbeschreiblich.

Warum aber ist das so?
Nehmen wir Dubai als Beispiel. Die Regierung in Dubai hat 2021 einen 50 Jahre Plan ins Leben gerufen, den *UAE Centennial 2071*. Dieser beinhaltet klar definierte und ambitionierte Ziele im Bereich Wissenschaft, Technologie, Bildung, Wirtschaft und Umwelt. Die Devise von Scheich Mohammed bin Rashid Al Maktoum ist klar:

„Dubai wird sich nie mit weniger als dem ersten Platz zufriedengeben."

Das Motto der Emirate ist klar zu erkennen: Nothing is impossible! – Nichts ist unmöglich.

Dubai ist die am stärksten wachsende Wirtschaft in der MENA Region (Nahost und Nordafrika).[3] Die Emirate sind ein internationaler Knotenpunkt für Geschäftstätigkeiten und zieht die hellsten Köpfe der Welt an.
Dubai wird nicht umsonst als „SmartCity" bezeichnet.[4] Durch konsequente Entwicklung und Innovation ist es eine der intelligentesten Städte der Welt. Stillstand? Fehlanzeige.
Schaut man sich die U-Bahnen an, so stellt man schnell fest, dass sie alle fahrerlos funktionieren. Ihre Stromversorgung wird größtenteils über Solar abgedeckt und auch Behördengänge erledigt man fast ausschließlich online. Jegliche Dienstleistungen, die man über eine App digitalisieren kann, werden auch entwickelt und umgesetzt, um den Einwohnern und Besuchern das Leben zu erleichtern.
Die Menschen, die sich dort aufhalten, haben ein ganz anderes Mindset; sie denken größer und handeln schneller als in anderen Ländern.
Dubai ist auch eine der meistbesuchten Städte der Welt, mit im Durchschnitt mehr als 10.000.000 Besuchern pro Jahr. Allein im ersten Halbjahr 2021 wurden in der Wüstenmetropole 120.000 neue Unternehmen registriert und über 200 verschiedene Nationalitäten sind in dieser Weltstadt ansässig.
Wie lässt sich dieser Zustrom von Menschen aus der ganzen Welt erklären? Warum sammeln sich dort immer

mehr erfolgreiche Menschen? Warum gibt es dort immer mehr Reichtum? Warum ist die Stadt der Superlative Inhaber von so vielen Weltrekorden? Die größte Einkaufsmall der Welt; die größte Wassershow der Welt; das höchste Gebäude der Welt; die größte Marina der Welt; oder die größte von Menschen erschaffene Insel der Welt.
Ganz einfach! Ihr Kaffee ist dort um ein Vielfaches stärker und hoch dosierter als an anderen Orten. Dein Denken, deine Leistungsfähigkeit, deine Produktivität und Energie werden viel stärker an solchen Orten stimuliert als irgendwo in einem Dorf mit 500 Einwohnern.
Du bist umgeben von hochmodernen Gebäuden, Technologien und Menschen, die erfolgreich an ihren Zielen arbeiten.
Auch dort ist nicht alles Gold, was glänzt, doch die Menschen, die sich an diesem Ort sammeln, haben alle eine ganz andere Leidenschaft, ganz andere Visionen als der typische Ottonormalverbraucher. Du bekommst, wenn du dich dort längere Zeit aufhältst, automatisch dieses Gewinner-Mindset eingehämmert. Es geht nicht anders, als sich den hohen Standards und Zielen der Stadt anzupassen.
Übertrage das mal auf dein Leben. Handelst du fahrlässig und gehst ziellos durchs Leben? Oder hast du klare Pläne und Visionen, wo du dich in 5, 10 oder 20 Jahren befindest? Was sind deine Ziele? Was möchtest du erreichen?

Man wird nicht übergewichtig oder arm, weil man es plant. Nein, man wird übergewichtig oder arm, weil man es eben nicht plant.

Ziele geben dir Orientierung!
Sie bringen dich ins Handeln.
Wenn du dich an deinen Zielen orientierst, wirst du wachsen.

Ziele beschreiben einen zukünftigen Zustand, der zu einem bestimmten Zeitpunkt durch eigenes Handeln erreicht werden kann.

Wenn du hingegen keine Ziele hast, an denen du dich orientieren kannst, dann wirst du stehen bleiben. Um loszulegen, fehlt dir der so wichtige und ausschlaggebende innere Antrieb, das Koffein, das deine Sinne aktiviert.

**Wenn wir wissen, wohin wir wollen,
können wir unsere inneren Ressourcen nutzen,
um dorthin zu gelangen.**

Nehmen wir an, du möchtest einen Marathon laufen. Dann musst du dich auf ein bestimmtes Rennen festlegen, einen Trainingsplan erstellen und dich auf die physischen und mentalen Anforderungen vorbereiten. Ohne ein klares Ziel und eine sorgfältige Planung wird es schwierig, die 42,195 Kilometer zu bewältigen.
Indem du dir ein klares Ziel setzt, aktivierst du dein inneres GPS, das dir dabei hilft, den besten Weg dorthin zu finden.
Fühlst du dich antriebslos und hast Schwierigkeiten, dich zu motivieren?
Dann steckst du dir mit hoher Wahrscheinlichkeit zu kleine Ziele.
Kleine Ziele bringen dich gar nicht ins Handeln und Denken. Setzt du dir große Ziele, setzen diese eine ganz andere Energie in dir frei und du denkst automatisch größer.

Deine Gedanken passen sich deinen Zielen an!

Setze dir verdammt nochmal Ziele. Nur so wirst du dich weiterentwickeln und ein unglaublich erfülltes Leben führen!

*„Das Setzen von Zielen ist der erste Schritt,
um das Unsichtbare in das Sichtbare zu verwandeln."*
Tony Robbins

Umgang mit der Leere nach einer Zielerreichung

Ich habe immer wieder die Erfahrung gemacht, dass wenn ich ein Ziel erreicht hatte, es zwar anfangs ein großartiges Gefühl war, danach aber relativ schnell eine gewisse Leere entstand.
In diesem Kapitel wirst du verschiedene Strategien kennenlernen, die dir dabei helfen, diese Leere zu überwinden oder zumindest besser damit umzugehen.

1) Die Leere anerkennen

Man arbeitet mit einer gewissen Hingabe an einem Projekt und an dem Tag, an dem man die Ziellinie überquert, stellt sich das Glücksgefühl auch wieder recht schnell ein.
Indem du diese Leere als Teil des Prozesses akzeptierst, kannst du einen gesünderen Umgang damit finden.

2) Ziele in verschiedenen Lebensbereichen setzen

Um diese Leere zu umgehen habe ich in den vergangenen Jahren einiges ausprobiert. Anfangs war mein erster Gedanke, mir unrealistische Ziele zu setzen.
Ich habe dann aber schnell festgestellt, dass diese, da sie unerreichbar wirkten, nicht wirklich motivierend waren.
Daraufhin habe ich mir adaptierbare Ziele gesetzt, die ich je nach Situation immer mal wieder anpasste. Dabei hatte ich jedoch nie das Gefühl, ein richtiges Ziel erreicht zu haben, weil ich sie immer wieder veränderte.

Letztendlich kam ich zum Entschluss, dass die hilfreiche Strategie darin besteht, dir Ziele in allen drei Sandwichbereichen - Gesundheit, Finanzen, Beziehungen - zu setzen. Auf diese Weise kannst du sicherstellen, dass du immer etwas hast, worauf du hinarbeiten kannst.
Wenn ich ein Ziel erreicht habe, habe ich parallel weitere Ziele, auf die ich meinen Fokus legen kann. Die Leere nach einer Zielerreichung wird damit ganz gut abgefedert.
Es ist wie früher beim Sandburgen bauen. Sobald das erste Sandbauwerk fertiggestellt war, setzte ich mir sofort ein neues Ziel und fing an, eine viel höhere Konstruktion zu bauen.

3) Zwischenziele und Meilensteine festlegen

Indem du Zwischenziele und Meilensteine festlegst, kannst du ein Gefühl von Fortschritt und Erfüllung auf dem Weg zur Erreichung deiner Hauptziele erhalten. Ich setze mir Wochen-, Monats- und Jahresziele. Jeweils Minimalziele und Maximalziele.
Die Minimalziele sind so gewählt, dass ich sie, wenn ich mich gut organisiere und fleißig bin, auch erreichen kann. Das Minimalziel probiere ich immer so schnell wie möglich zu erreichen, damit ich ein erstes Erfolgserlebnis habe. Das Erreichen dieses Zieles produziert auf natürliche Weise Dopamin in meinem Gehirn, was mir dann für den Rest der Woche oder des Monats einen extra Boost für meine Maximalziele verschafft.
Mache nicht den Fehler, dir nur ein Jahresziel zu setzen. Dieses ist im Januar noch zu weit weg und du wirst Anlaufschwierigkeiten haben. Setzt du dir aber konkret ein Monatsziel und brichst dieses in 4 Wochen auf, so ist die Zündung getätigt und du legst sofort los!

4) Balance und Selbstfürsorge

Durch die Zielsetzung drückst du das Pedal so richtig durch in deinem Leben. Es schadet allerdings nicht, manchmal den Fuß vom Gas zu nehmen, abzuschalten und neue Energie zu tanken. Achte darauf, dass du dich nicht selbst zu viel unter Druck setzt, beim Erreichen deiner Ziele. Druck ist notwendig, um dich über die Grenze deiner Komfortzone zu führen und ins Handeln zu bringen. Wird dieser allerdings zu hoch, kann er dich in einen Zustand der Lähmung versetzen.

Wenn du dich an deiner Ist-Situation orientierst, dann wirst du stillstehen! Wenn du dich an deinen Zielen orientierst, dann wirst du wachsen! Je klarer du deine Ziele definierst, desto besser wählst du deine Prioritäten.

Meine Vorgehensweise für eine erfolgreiche Zielsetzung:

- Nimm dir Zeit, um über deine Ziele und Prioritäten nachzudenken. Welche Bereiche deines Lebens möchtest du verbessern oder verändern? Was sind deine langfristigen und kurzfristigen Ziele?

- Setze dir große Ziele! Durch große Ziele wirst du automatisch größer denken.

- Gib deinen Zielen immer eine zeitliche Frist, eine Deadline. Jedes Ziel braucht eine **Ziel**line.

- Diszipliniere dein Gehirn immer wieder dazu, dass du dich hinsetzt und deine Gedanken niederschreibst. Unser Gehirn springt ganz gerne zwischen den verschiedensten Themen hin und her, sonst wird es ihm schnell langweilig. Du musst aber dahin kommen, dass du dich mal über einen gewissen Zeitraum mit einem bestimmten Thema beschäftigst. Durchs Aufschreiben erzwingst du genau dies. Du verlangsamst deine Gedanken.

- Mache dir einen klaren Plan, wie du dein Ziel erreichen wirst. Überlasse nichts dem Zufall. Plane deinen Erfolg!

- Du musst pro Ziel klar definieren, welche Fähigkeiten und welches Wissen du benötigst, um es zu erreichen. Hast du die benötigten Fähigkeiten schon oder musst du sie noch erlernen?

- Schreibe zu jedem Ziel Personen oder Gruppen auf, die dir beim Erreichen von diesem spezifischen Ziel behilflich sein werden.

- Der größte Schritt überhaupt, um deine Ziele zu erreichen, ist, sich täglich mit ihnen zu beschäftigen!
  Lies dir deine Ziele immer wieder vor und verinnerliche sie. Stell dir vor, wie du sie erreichst. Das wird sich positiv auf dein Unterbewusstsein abfärben.
  Dies klingt beim Lesen vielleicht etwas paradox, doch es wirkt! Oder findest du es auch paradox, deinen Bizeps zu trainieren, damit er wächst?
  Ich mache dies schon seit Jahren und es hilft mir ungemein, meine Gedanken zu sortieren, fokussierter zu sein und mein zukünftiges Ich besser zu visualisieren.

- Arbeite jeden Tag an deinen Zielen. Auch wenn es nur 10 oder 15 Minuten an manchen Tagen sind. Erfolgreich wirst du nur über die Langdistanz. Sporadische Hundertmetersprints machen dich nicht erfolgreich! Du kennst vielleicht die Metapher, in der man die Relation vom Unterbewusstsein zum Bewusstsein darstellt: Unsere unterbewussten Handlungen stellen eine Strecke

von 11 km dar. Unsere bewussten Handlungen gerade mal 15 mm.
Wenn du das nächste Mal eine Strecke von 11 km laufen oder spazieren gehst, dann denke an diesen Vergleich. Du bist noch nicht einmal gestartet, schon ist dein Bewusstsein fertig. Die gesamte Strecke, die du abläufst, stellt dein Unterbewusstsein dar.

Die Handlungen aus unserem Bewusstsein sind mikroskopisch im Vergleich zu den Handlungen, die von unserem Unterbewusstsein gesteuert werden.

Wenn du dies verstanden und verinnerlicht hast, dann verstehst du auch, weshalb es so wichtig ist, sich täglich mit seinen Zielen zu beschäftigen!
Tust du dies täglich, dann kommst du früher oder später an einen Punkt, an dem dein Unterbewusstsein das Bewusstsein anschaut und sich sagt: „Man, das scheint ihm echt wichtig zu sein, dass er sich tagein, tagaus damit beschäftigt. Das nehme ich jetzt ins Unterbewusstsein mit auf."
Sind deine Ziele erst im Unterbewusstsein gespeichert, so verliert dein inneres GPS die Zielroute nicht mehr aus den Augen. Dein Unterbewusstsein wird einen Weg zur Zieldestination finden, komme, was wolle!

Aktiviere JETZT dein inneres GPS, indem du deine Zieldestinationen niederschreibst.

Wo siehst du dich in 1 Jahr? Wie schaut dein Leben in 1 Jahr aus?

Gesundheit und Körper:

____

____

____

____

Finanzen:

Beziehungen: (Welche Menschen mit welchen Fähigkeiten möchtest du um dich haben?)

Reisen:

Karriere/Beruf/Unternehmen:

Wo siehst du dich in 5 Jahren? Wie schaut dein Leben in 5 Jahren aus?

Wie alt bist du dann: _____

Gesundheit und Körper:

Finanzen:

Beziehungen: (Welche Menschen mit welchen Fähigkeiten möchtest du um dich haben?)

Reisen:

Karriere/Beruf/Unternehmen:

Wo siehst du dich in 10 Jahren? Wie schaut dein Leben in 10 Jahren aus?

Wie alt bist du dann: _____

Gesundheit und Körper:

Finanzen:

Beziehungen: (Welche Menschen mit welchen Fähigkeiten möchtest du um dich haben?)

Reisen:

Karriere/Beruf/Unternehmen:

Falls du deine Ziele noch tiefer visualisieren möchtest, dann kannst du auch ein *Vision Board kreieren.**

*Ein Vision Board ist eine visuelle Darstellung deiner Ziele, Träume und Wünsche. Es ist eine Collage aus Bildern, Texten und anderen Elementen, die dir dabei helfen, dich auf das zu konzentrieren, was du erreichen möchtest. Es dient als Inspirationsquelle und kann dir dabei helfen, deine Ziele in den drei Sandwichbereichen – Gesundheit, Finanzen, Beziehungen – besser zu verfolgen.

NEIN, heißt für dich ab jetzt – Noch ein Impuls nötig

Bei deinem Erfolgsweg an die Spitze wird dich vor allem ein Wort begleiten – das Wort NEIN. Das Leben schüttelt uns immer wieder durch. Nein, das geht so nicht. Nein, da muss eine andere Lösung her. Nein, du besitzt nicht genügend Erfahrung, bewirb dich in drei Jahren nochmal. Nein, ich will die Scheidung. Nein, ihre finanzielle Lage ist nicht ausreichend stabil für einen weiteren Kredit. Nein, ihre Firma muss in Konkurs gehen. Nein, sie sind nicht nur erschöpft, sie haben eine schwerwiegende Krankheit. Dieser Prozess, dass wir immer wieder mit Rückschlägen zu kämpfen haben, ist ganz normal. Jeder von uns kennt solche Situationen und sie sind nicht zu vermeiden. Um dauerhaft erfolgreich zu werden bleibt uns nur eins übrig, – nämlich die richtige Einstellung zu diesem Wort zu haben. Es bleibt nicht aus, dass wir immer wieder hinfallen, etliche Neins kassieren, ehe wir irgendwann ein Ja bekommen. Aus dem Grund sind so wenige Menschen richtig erfolgreich. Ihnen fehlt die Beharrlichkeit, auch bei Rückschlägen immer weiterzumachen. Ein NEIN, sei es nun in Form von Kritik oder Ablehnung, zwingt dich nur in die Knie, wenn du es nicht als Ansporn nimmst, um es im nächsten Anlauf besser zu machen. Ab jetzt bedeutet **NEIN** für dich **„N**och **E**in **I**mpuls **N**ötig.**"**[5]

Du wirst nicht durchs Anfangen, sondern fürs Durchhalten belohnt.

Falls du Kinder hast, so hast du die besten Drill Instruktors zu Hause, die es gibt. Wie oft hörst du von deinen Kindern:
„Nein, ich möchte das nicht"; „Nein, ich gehe nicht mit"; „Nein, ich möchte das nicht essen"; Nein, Nein und nochmals Nein.
Wie gehst du mit diesem Gegenwind um? Klar hängt es immer von der Situation ab. Du lässt dein Kind wohl kaum links liegen und möchtest nichts mehr von ihm wissen. Dann behandle deine Kunden, deine Frau, deine Freunde, deinen Bänker, deine Arbeitskollegen, deinen Chef und deine Familie nach dem ersten Nein auch nicht so.
Akzeptiere stets jedes einzelne Nein, das du kassierst. Akzeptieren heißt aber noch lange nicht, dass du beim ersten Nein sofort resignieren sollst. Finde vielmehr heraus, warum das Nein zustande kam.
Nimm jedes Nein als eine Chance wahr, um zu sehen, wie es nicht funktioniert. Ein Nein ist eine Riesenchance, es im zweiten Anlauf besser zu machen. Jedes NEIN bringt dich näher ans Ziel!
Bei deinem Kind suchst du nach Alternativen. Du versuchst dich in die Lage des Kindes zu versetzen und bietest Lösungsvorschläge an. Dies tust du so lange, bis eine Lösung oder viel öfter ein Kompromiss gefunden wurde.
Genau diese Herangehensweise musst du auch bei dir selbst an den Tag legen.
Also denke beim nächsten NEIN wiederum an die Ketchup-Flasche. Du hast den ersten Schlag gemacht. Die Masse in der Flasche hat sich etwas bewegt, doch bleibst du jetzt nicht dran, gehst du leer aus. Es benötigt noch weitere Impulse.

**Desto mehr NEINs du dir abholst,
je weniger kann das Ketchup der
Schwerkraft widerstehen.**

Als ich als langjähriger Ausdauersportler rüber zum Krafttraining wechselte, sendete mein Körper mir auch einen NEIN-Impuls nach dem anderen zu.

Er weigerte sich förmlich, Muskeln aufzubauen. In meinem Fitnessstudio stieg ich regelmäßig auf eine spezielle Körperfettwaage, die meinen Muskel- und Fettanteil gemessen hat. Vier Jahre lang musste ich eine Niederlage nach der anderen einstecken. Ich hatte in vier Jahren fünf verschiedene Coaches, die alle an mir verzweifelt sind. Es wurde so einiges an Trainingsmethoden und Essensplänen ausprobiert, doch die Muskeln hatten nur eins im Sinn: „NEIN – wir wollen nicht wachsen. Du hast uns seit deiner Kindheit antrainiert, im Ausdauerbereich zu funktionieren. Wir sind nicht ausgelegt für kurzfristige, intensive Aktivitäten."

Ich wollte doch nur meine Muskeln stärken, um weiteren Rückenschmerzen vorzubeugen, und meinen Körper unterstützen, besser, fitter und stärker durchs Leben zu gehen. Ich wollte meinem Körper etwas Gutes tun und der Dank war, dass er sich gegen mich stellte. Sehr oft stand ich kurz davor aufzugeben.
Doch diese frustrierenden Jahre gaben mir eine sehr wichtige Lehre mit:

**Scheitern heißt nicht, Fehler zu machen,
sondern nichts tun.
Fehler wiederum sind Investitionen
in deine Zukunft.**

Je mehr ich an meinem Projekt-Muskelaufbau gescheitert bin, desto bessere Fragen habe ich mir gestellt. Ich bemerkte, dass ich durch das Stellen von besseren Fragen bessere Ergebnisse erzielen konnte, was zu einem höheren Maß an Erfolg führte. Wenn du allerdings nichts tust oder unter Aufschieberitis leidest, ja dann hast du diese neuen Erfahrungswerte eben nicht für die Zukunft. Also hab keine Angst, schlechte Entscheidungen zu treffen und mal nicht so gut auszusehen. Diese bringen dich nämlich auf deinem Erfolgsweg voran!

Erst nach vier Jahren hatte ich alle Neins in meinem Körper, die sich dagegen wehrten, behoben. Du musst, um Muskeln aufzubauen, irgendwann mehr machen.

Mehr machen hieß in meinem konkreten Fall, meine Körperfunktion über eine gezielte Ernährung zu optimieren. Zudem genügte es nicht mehr, meinen Muskeln nur Widerstand zu geben, sondern ich musste an die Schmerzgrenze gehen. Daraufhin fingen meine Muskeln irgendwann an, die neuen Impulse zu verstehen und zu wachsen.*
Thomas Edison musste 10.000 Misserfolge durchleben, ehe er es schaffte, die Glühbirne zu erfinden. Er kassierte sage und schreibe 10.000 Neins!
Passend hierzu sagte Edison folgendes:

„Unsere größte Schwäche liegt im Aufgeben. Der sichere Weg zum Erfolg ist immer, es doch noch einmal zu versuchen." [6]

Auf deinem Erfolgsweg wirst du immer wieder mit Gegenwind zu kämpfen haben. Gegenwind wird deine Wurzeln stärken und dich somit erfolgreicher machen!

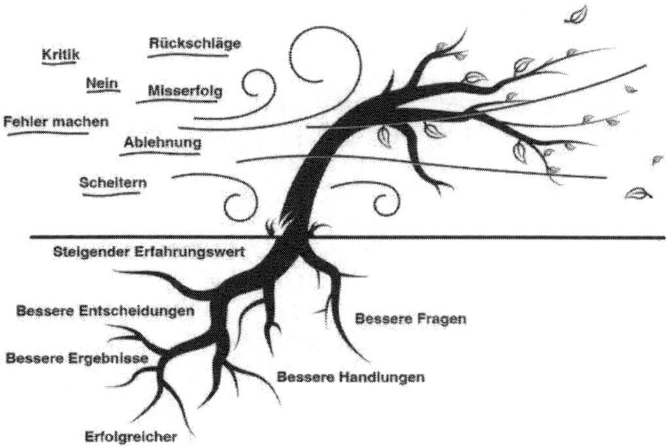

Durch Unwetter bekommen Bäume stärkere Wurzeln.

*Es war aber noch ein weiterer Punkt ausschlaggebend, welchen ich dir später im Buch verraten werde.

Erfolgsathleten glauben an den Grundsatz – „Scheitern dauert nicht ewig."

Habe keine Angst vor Misserfolgen. Sieh jedes einzelne Nein als deinen Lehrer an. Mit jedem Nein wirst du lernen, wachsen und besser werden. Irgendwann wird dir das gelingen, was dir heute noch unmöglich erscheint. Je häufiger du mit Ablehnung konfrontiert wirst, desto schneller hörst du auf, dich davor zu fürchten.

Scheitern ist geistiges Kapital.
Wenn du scheiterst, wirst du stärker.

Entscheidungen lösen Handlungen aus. Handlungen geben dir Ergebnisse.
Bessere Entscheidungen führen zu besseren Handlungen, welche wiederum bessere Ergebnisse mit sich bringen. Sprich, du bist erfolgreicher!

Scheitern gehört auf dem Weg zum Erfolg dazu.

„Höre nie auf die Nein-Sager. Hätte ich auf all die Nein-Sager im Bodybuilding, Showbusiness und in der Politik gehört, dann würde ich heute noch immer in Österreich in den Alpen jodeln."
Arnold Schwarzenegger

Erfolgreiche Menschen bilden sich stetig weiter

Erfolgreiche Menschen lesen sehr viele Bücher. Es geschieht etwas mit dir, wenn du ein Buch liest. Dabei kommen einem andere Gedanken und Ideen in den Sinn. Man unterstreicht Sachen, liest verschiedene Kapitel mehrmals durch und schreibt sich Sachen auf.
Erfolglose Menschen hingegen verplempern ihre Freizeit lieber, um sinnlos auf Social Media rumzusurfen. Sie leiden unter Aufschieberitis und kommen gar nicht bis zu dem Prozess, an dem sie sich ihre eigenen Gedanken über etwas machen.
Vor allem die Nutzung des Smartphones löst bei vielen eine so heftige Dopamin-Ausschüttung aus, dass sie gar nicht mehr von der Sucht loskommen.
Beobachte doch einmal das Verhalten von Menschen, wenn sie in öffentlichen Verkehrsmitteln unterwegs sind oder auf jemanden warten. Das verfluchte Ding wird bei jeder sich bietenden Gelegenheit aus der Tasche gezückt.
Laut einer ARD/ZDF-Onlinestudie füttert jeder 14- bis 29-Jährige sein Unterbewusstsein täglich 4,5 Stunden mit Onlinekonsum.[7]
Wie willst du mit solch einer Einstellung ins Handeln kommen und Dinge umsetzen?
Mir sagte einmal ein sehr erfolgreicher Unternehmer, dass sein Wissen ein Tropfen im Ozean sei. Das hat mich damals extrem fasziniert, vor allem, weil ich wusste, dass er 52 Bücher im Jahr las. Jede Woche ein Buch. Wenn du hingegen einen Durchschnittsmenschen nach seinem Wissen fragst, sagt dieser, dass er schon alles weiß.

Mit der Aussage „Kenne ich schon" gibt man lediglich das Signal, dass man nicht bereit ist, neues Wissen aufzusaugen. „Kenne ich schon" heißt noch lange nicht, dass man es auch kann und auch schon anwendet. Es heißt nur, dass man es schonmal gehört hat, weiter möchte man aber gar nicht gehen.
Das Schlimmste, was du tun kannst, ist zu glauben, dass du schon alles weißt. Höre nie auf zu lernen. Niemals!

Wenn ein Baum aufhört zu wachsen, ist er krank oder tot. Bei uns Menschen ist es genau gleich. Wir brauchen Wachstum in allen Lebensbereichen, um erfolgreich zu leben.

Es gibt Menschen, die schon in jungen Jahren aufhören zu wachsen. Sie bleiben stehen, ohne jeglichen Fortschritt. Kein Wachstum im Bereich der Persönlichkeitsentwicklung heißt Stillstand. Diese Art von Menschen sind bereits gestorben, ohne es zu wissen.

Persönliches Wachstum erreicht nur der Typ Mensch, der sich intellektuell, sozial und körperlich weiterbildet und sich darüber hinaus auch mal selbst reflektiert.

Lese so viel wie möglich. Ich kenne mich in Sachen Investieren, Persönlichkeitsentwicklung, Erfolg, Mindset und Verkauf gut aus, doch werde ich nie aufhören, Bücher über all diese Themen zu lesen. Und weißt du, warum?
Jeder Autor hat einen anderen Blickwinkel, ein anderes Wissen und andere Gedanken.
Du kannst so viel lernen von Büchern, die weniger als eine Pizza kosten. Über alles Mögliche findest du guten Lesestoff, bei dem sich der Autor hingesetzt und über Jahre seine Zeit darin investiert hat. Er hat recherchiert, nachgedacht und geschrieben. Ich denke mir oft, wie wahnsinnig wir Autoren eigentlich sind. Es gibt unzählige Sachbücher, da ist so eine Power und so viel Wissen drin, dass diese das Dreifache kosten müssten.

Da sind Menschen, die packen das Beste, was sie in ihrem Leben gelernt haben, in ein Buch und du kannst es nicht nur für billiges Geld kaufen, nein, du kannst diese Mehrwertbombe auch noch in wenigen Tagen oder Wochen lesen.
Wenn solche Bücher für dich zu teuer sind, dann läuft etwas schief. Mit einem Buch investierst du in dich!
Bitte sei keiner von denen, die glauben, sie wüssten schon alles und, dass ihre Intelligenz so hell strahlt, dass selbst die Buchstaben neidisch werden.

„Wer mit der Weiterbildung aufhört, um Geld zu sparen, könnte genauso gut seine Uhren anhalten, um Zeit zu sparen."

Manfred Arnu

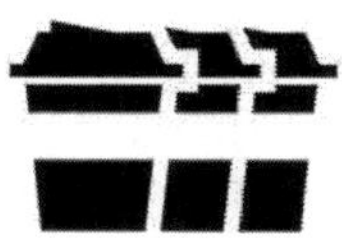

Das Investieren in dich selbst und das Streben nach persönlicher Weiterentwicklung sind eine der produktivsten und besten Maßnahmen, die du ergreifen kannst, um dich auf das nächste Level zu bringen.

Wenn du dich entwickeln und wachsen möchtest, dann solltest du dich inspirieren lassen. Inspiration findest du, wenn du Bücher liest, Podcasts hörst, Seminare besuchst und Kontakte mit erfolgreichen Menschen knüpfst.
Du bist dein größter Hebel!

Die schlechte Nachricht ist, dass die Zeit fliegt. Die gute Nachricht ist, dass du selbst der Pilot bist! Je ausgebildeter und wissbegieriger der Pilot, desto schöner der Flug.

Geld und Erfolg

Geld ist eine unterstützende Kraft, die du nicht unterschätzen solltest! Im Wort erfolgREICH, steckt das Wort ja schon drin.
William Somerset Maugham sagte einst:

„Geld ist der sechste Sinn. Der Mensch muss ihn haben, denn ohne ihn kann er die anderen fünf nicht voll ausnützen."

Die Mehrheit führt ein fremdbestimmtes Leben und ist abhängig vom Geld. Abhängig von Geld sein heißt, jeden Tag im Hamsterrad zu rennen. Man tauscht seine Lebenszeit gegen Geld, indem man jeden Tag arbeiten geht. Wenn ich mal rauszoome in die Vogelperspektive, sehe ich die Menschheit, wie sie arbeitet, fernsieht, schläft, dann wieder arbeitet, fernsieht, schläft. Als Sklave der Uhr sind sie geblendet von einem Trugbild des strahlenden Erfolgs.
Trotz Nine-to-five-Job sehen die Meisten keinerlei Fortschritte in ihrem Leben. Gefangen in einer Endlosschleife, die einen auslaugt und manchmal orientierungslos auf der Stelle treten lässt. Der Streitpunkt „Geld" belastet zudem viele Partnerschaften und sorgt für Konflikte und Sorgen. Hier reden wir dann über einen Mangel an Geld.
Je weniger man hat, desto wichtiger wird Geld für einen.

Wenn du hingegen finanziell unabhängig bist, kannst du selbstbestimmt leben. Du kannst deine Lebenszeit so einsetzen, wie du das möchtest, und Sachen machen, die dir Spaß machen. Du kannst dir Dinge leisten, die du möchtest. Du hast mehr Zeit für dich selbst, für deine Familie und kannst deinen Leidenschaften und Hobbys nachgehen.

Du hast die Möglichkeit, dir Genuss zu erkaufen. Du kannst es dir erlauben, das Essen zu kaufen, was deinen Werten entspricht. Du kannst dir hochwertige Nahrungsergänzungsmittel leisten. Es steht dir offen, zu den besten Ärzten zu gehen.
Du kannst dir Erlebnisse kaufen. Du kannst verreisen, wohin, wann und wie lange du willst. All diese Dinge kann man nicht oder nur bedingt machen, wenn man ein fremdbestimmtes Leben führt und abhängig vom Geld ist.

Finanziell unabhängige Menschen haben erkannt, dass man schlaueres tun kann, als sich sein ganzes Leben nur im Hamsterrad abzustrampeln und nach dem Prinzip „Zuckerbrot und Peitsche" zu leben!

Es geht im Leben immer auch ums Geld! Wer das nicht glaubt, der soll mir zeigen, wie er komplett ohne Geld zurechtkommt. Wenn man solche Vorurteile, dass Geld einen nicht glücklich macht, verinnerlicht hat, sabotiert man unbewusst seinen eigenen Erfolg.
Macht Armut denn glücklich? Wohl kaum. Also lass den Quatsch.

Geld ist ein Gutschein zu mehr Lebensqualität. Geld ist Freiheit. Es macht einen unabhängiger und somit auch glücklicher.

Die Armen bleiben immer arm. Die Reichen werden immer reicher.

Warum? Weil sie anders denken! Sie besitzen ein anderes Money-Mindset!
Die Armen denken: „Ich muss Überstunden machen."
„Ich muss noch einen Nebenjob annehmen."
Sie laufen immer wieder in die gleiche Falle. Bei ihnen dreht sich alles darum, Zeit gegen Geld zu tauschen.
Die Reichen werden nicht reicher, weil sie mehr arbeiten. Nein, sie werden reicher, weil sie das Spiel des Geldes verstehen!

„Wer den ganzen Tag arbeitet, hat keine Zeit, Geld zu verdienen."
John D. Rockefeller

Finanziell erfolgreiche Menschen haben folgende zwei Punkte tief verinnerlicht:

1) Dass die Inflation gegen einen arbeitet

„Die Inflation ist ein Prinzip der fortschreitenden Geldentwertung." – Alles wird teurer, nur dein Einkommen bleibt gleich.
Vereinfacht dargestellt, verliert Jahr für Jahr jeder Euro auf deinem Sparkonto etwa 2-5 % an Wert.* Diebstahl! Die Inflation ist ein Gauner![8]
Vor einigen Jahren hast du noch für 75 € einen vollen Einkaufswagen bekommen. Heute kriegst du für dieselben 75 € lediglich einen halben Einkaufswagen gefüllt.
Wenn Waren und Dienstleistungen plötzlich um 20 % teurer werden und dein Einkommen gleich bleibt, bedeutet dies, dass du 20 % mehr Geld ausgeben musst, um das Gleiche zu bekommen als noch vor dem Kostenanstieg.
Dein Einkommen ist allerdings nicht um 20 % gestiegen, was mit sich bringt, dass das Einnahme- und Ausgabeverhältnis aus dem Gleichgewicht gerät. Dein hart erarbeitetes Geld hat an Kaufkraft verloren und ist schlichtweg weniger wert.

Hast du erst verstanden, was es mit der Inflation auf sich hat, dann wird dir schnell einleuchten, dass du andere Wege einschlagen musst, als dich im Hamsterrad abzustrampeln für das nächste Gehalt. Auf der einen Seite schuftest du dich zu Tode und auf der anderen Seite bekommst du immer weniger für deinen Lohn.
Finanziell intelligente Menschen haben es verstanden, über Investments wenigstens eine Rendite erwirtschaften zu müssen, die der Inflationszahl entspricht. Schaffst

*Die 2-5 % in diesem Beispiel stellen lediglich einen Richtwert dar. Je nach Wirtschaftslage ändert auch die Inflationszahl.

du nämlich über Investments eine Rendite von 2-5 %, bleibt dein Lebensstandard stabil. Gelingt es dir, höhere Renditen zu erwirtschaften, was durchaus möglich ist, dann wirst du vermögender!
Was uns umgehend zum zweiten und wichtigsten Punkt führt.

2) Dass man einen Teil seines verdienten Geldes an die Arbeit schicken muss

Um finanziell erfolgreich zu sein, musst du die Unterschiede zwischen Verbindlichkeiten und Vermögenswerten genau kennen.

Verbindlichkeiten (engl. Liabilities) bringen dir nichts als Schulden ein. Um diese zu begleichen, investierst du aktiv deine Zeit, um an Geld zu gelangen.
Vermögenswerte (engl. Asset) bringen dir Geld ein, ganz ohne Tausch gegen deine Zeit. Investierst du in Vermögenswerte, so kannst du jeden einzeln investierten Euro als deinen Arbeiter ansehen.

Man bezeichnet etwas als Vermögenswert, wenn es:

- ein passives Einkommen generiert
- mit der Zeit an Wert gewinnt
- zu jeder Zeit wieder verkauft werden kann

Die gängigsten Vermögenswerte sind:

- Immobilien, die man vermietet
- Wertpapiere aller Art (ETFs, Aktien, Anleihen oder Fonds)
- Edelmetalle wie Gold oder Silber
- Kryptowährungen
- Unternehmensanteile
- Rohstoffe wie Öl oder Gas
- P2P Lending (Kreditform zwischen 2 Privatpersonen)
- Sammelgüter (Oldtimer, wertvolle Uhren, Kunstobjekte, Whiskey ...)

Eine **Verbindlichkeit** hingegen ist etwas, mit dem wir Geld verlieren.

Typische Verbindlichkeiten sind:

- Immobilienkredit fürs Eigenheim
- Autoleasing/Kredit
- Ratenzahlung auf Elektrogeräte
- Handy-Vertrag
- Internet-Vertrag
- Mitgliedsbeiträge
- jegliche Abonnements

Es ist keine Seltenheit, dass sich im Laufe des Lebens immer mehr Verbindlichkeiten anhäufen und man irgendwann den Wald vor lauter Schuldenbäumen nicht mehr sieht. Bei den meisten bilden Fahrzeug und Eigenheim die größten Verbindlichkeiten.

Verbindlichkeiten machen dich abhängig vom Job. Sobald du aufhörst zu arbeiten, wird das Geld knapp. Sie ziehen dich Monat für Monat aufs Neue ins Hamsterrad.

Erfolgsathleten hingegen haben eine klare Vorstellung, wie sie leben wollen. Ihnen ist es wichtig, das Ruder selbst in der Hand zu haben. Sie verstehen, dass das Sparen von Geld einen nicht reicher macht, und suchen nach Möglichkeiten, ihr Geld für sich arbeiten zu lassen.
Sie besitzen ein ganz anderes Money-Mindset wie der Durchschnittsbürger, der sich zwar über einen Mangel an Geld aufregt, aber nie was ändern würde. Er bedauert sich lieber selbst. Das Geld gewinnbringend in Vermögenswerte zu stecken, käme ihm nie in den Sinn. Ihm fehlt das Wissen, weil er nicht gewillt ist, seine Komfortzone zu verlassen und sich mit dem Vermögensaufbau zu beschäftigen.

Um finanziell unabhängiger zu werden, ist es wichtig, Vermögenswerte aufzubauen und Verbindlichkeiten zu minimieren.

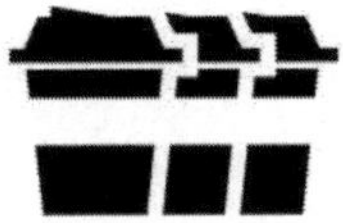

Meine Investmentregeln:

- Wichtig ist, seine Finanzen aktiv zu managen und einen Überblick über seine Einnahmen und Ausgaben zu haben.
- Informiere dich über die verschiedenen Anlageklassen und wähle diejenigen aus, die am besten zu dir passen.
- Risikomanagement ist ein wichtiger Bestandteil des Vermögensaufbaus. Schau zu, dass du deine Investitionen gut streust und nicht alles auf eine Karte setzt.
- Der Vermögensaufbau erfordert Disziplin und Durchhaltevermögen. Setze dir klare Finanzziele und verfolge diese Schritt für Schritt.
- Eine positive Einstellung zum Geld und ein bewusster Umgang damit können dazu beitragen, dass du schneller Vermögen aufbaust.
- Es ist wichtig, rational und diszipliniert zu investieren und sich nicht von kurzfristigen Schwankungen am Markt beeinflussen zu lassen.

Dein wichtigster Vermögenswert bist allerdings immer du selbst!

Das wichtigste Tool beim Vermögensaufbau ist unser Gehirn. Nur wenn du deinen finanziellen IQ ständig erhöhst, wirst du eines Tages finanziell unabhängiger leben können.

Sei ein Gesundheitsathlet

Stell dir vor, du bist im Besitz eines Rennwagens, der an einem Rennen teilnehmen soll. Es gibt ein Preisgeld von 25.000 € zu gewinnen. Ein Start-Ziel-Sieg ist sehr unwahrscheinlich, wenn du ihn nicht regelmäßig checkst und pflegst. Denn dann kann er nicht die Höchstleistung bringen.
Was, wenn ich dir sage, dass du dieser Sportbolide bist? Du bist der, der das Preisgeld absahnen kann. Jeden Tag, an dem du dich aus dem Bett begibst, nimmst du an einem Wettkampf teil.
Leider gibt es viele Menschen, die sich nicht um ihre Gesundheit kümmern. Wenn sie dann krank werden oder gesundheitliche Probleme haben, geben sie die Verantwortung an den Arzt ab und hoffen, dass er sie wieder auf Vordermann bringt.
Um das Preisgeld abzusahnen, brauchst du im Leben einen Körper, der es zulässt, Leistung zu bringen. Sei es nun, um sportliche Höchstleistungen zu vollbringen oder im Business durchzustarten.

Bist du stark übergewichtig und plagst dich mit unerträglichen Rückenschmerzen rum, wie um Gottes willen willst du dann jeden Tag mehrere Kunden besuchen und während den Terminen noch in der Lage sein, deine volle Leistung abzurufen?
Viele erfolgreiche Menschen, die ich kenne, achten auf ihren Körper und pflegen einen gesunden Lifestyle. Hier spielt Sport oft eine zentrale Rolle. Sport ist eine perfekte Charakterschule. Es verleiht dir nicht nur Disziplin, sondern auch Durchhaltevermögen.
Meine Sportroutine gibt mir ein gutes Körpergefühl, eine gewisse Körperspannung und vor allem Energie. Genau das benötige ich auch, um meine Visionen und

Ziele erfolgreich umzusetzen. Denn sind wir mal ehrlich, was bringt dir das viele Geld, wenn du das Leben nicht genießen kannst, weil deine Gesundheit dich einschränkt?

Tritt das Gaspedal einfach mal so richtig durch in deinem Leben.

Man hat nur den einen Körper, weshalb um Himmels willen schüttet man dann das falsche Benzin in sich hinein?
Achte darauf, dass du dich gesund ernährst, regelmäßig Sport treibst und dir Zeit für Entspannung und Erholung nimmst. Wir sollten uns auch bewusst sein, dass unser Körper ein komplexes System ist, das von vielen Faktoren beeinflusst wird. Stress, Schlafmangel und negative Gedanken können sich auf unseren Körper und Geist auswirken und unsere Leistung erheblich beeinträchtigen.
Begib dich nicht in den Opfer-Modus und übernimm Verantwortung für deinen Körper und deine Gesundheit. Möchtest auch du bei deiner Gesundheit etwas ändern, dann mache nicht den Fehler und fokussiere dich auf zu viele Dinge gleichzeitig.
Fokussiere dich auf eine Sportart und stelle auch nicht zu viele Sachen auf einmal bei deiner Ernährung um. Viele Dinge auf einmal umsetzen zu wollen, wird dich schnell stressen und dann gibst du genauso schnell wieder auf.
Jeder von uns hat in seinem Alltag schon genug Stress zu bewältigen, da geht es darum, weiteren Alltagsstress zu vermeiden.
Wenn du es nicht mehr schaffst, abzuschalten und auch mal Spaß zu haben, dann bist du zu viel im Tunnel und möchtest zu viel auf einmal.
Fange klein an und wenn eine Gewohnheit* entstanden ist, kannst du dich dem nächsten Thema widmen und dies langsam in deinen Alltag mit einbauen.

---

*Gewohnheiten sind automatisierte Handlungen, die wir gar nicht mehr bewusst wahrnehmen

Dein Körper ist dein einzig wahrer Besitz, den du im Leben hast. Wenn du deinen Körper vernachlässigst, wo willst du denn in Zukunft wohnen?

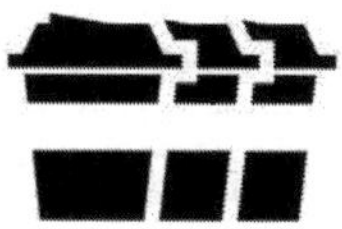

Ich möchte nicht als Samariter oder Guru der Gesundheit daherkommen und dir vorschreiben, was und wie viel du essen sollst, welche Nahrungsergänzungsmittel Sinn machen, wie viel Sport du treiben oder wie viele Stunden du schlafen musst. Das ist sehr individuell und man kann es keineswegs pauschalisieren. Lange habe ich überlegt, was ich dir als Gesundheitstipp mit auf den Weg geben kann.
Schnall dich an, hier kommt mein Tipp:

Nimm dir fest vor, einen tiefen und achtsamen Atemzug pro Tag zu machen!

Woow! Da habe ich aber einen rausgehauen! Was für ein Kracher!
Mit diesem großartigen Tipp habe ich mich selbst überrascht.
Einen einzigen verdammten achtsamen Atemzug pro Tag![9]
Wir sind uns alle einig, dass jeder von uns das hinbekommt, oder etwa nicht?
In meinem Selbsttest stellte ich fest, dass dieser eine kontrollierte Atemzug so befreiend auf mich wirkte, dass es nicht bei einem am Tag geblieben ist.
Mittlerweile ist es bei mir zur festen Routine geworden, wenn immer sich es anbietet, mich auf meinen Körper und Geist zu konzentrieren und einige tiefe Atemzüge

zu tätigen. Der tief eingeatmete Sauerstoff unterstützt die Energieproduktion der Zellen und hat viele positive Wirkungen auf uns:

- Reduziert Stress und Anspannung
- Verbessert die Durchblutung
- Lindert Verspannungen und Schmerzen
- Verbessert die Konzentration und das Denkvermögen
- Reduziert die Angst und stärkt unser Selbstbewusstsein

Hätte ich dir gesagt, du sollst jeden Tag kalt duschen und anschließend 30 Minuten meditieren oder auf andere spirituelle Mantras zurückgreifen, dann hättest du womöglich gesagt, dass du dafür keine Zeit hast. Dafür ist nicht jeder bereit und es hängt sehr vom Lebensabschnitt ab, indem man unterwegs ist.
Aber meinem Kracher Tipp entkommst du nicht! Oder hast du etwa keine Zeit zum Atmen? Keine Chance, dieser Verpflichtung auszuweichen. Vielleicht bleibst du nach dem Erreichen des Tagessolls ebenfalls weiter am Ball und hast unter Umständen noch Zeit für weitere befreiende Atemzüge.

„Es gibt tausend Krankheiten, aber nur eine Gesundheit."
Ludwig Börne

Fokus – Folge einem Kurs, bis du erfolgreich bist

Analysiert man erfolgreiche Menschen, so stellt man schnell fest, dass diese an sich keine außergewöhnlichen Dinge können. Das Einzige, was sie richtig gut beherrschen, ist sich zu 100 % auf eine Sache zu fokussieren. Willst du deine Ziele erreichen, dann brauchst du FOKUS! Fokus bedeutet, die volle Konzentration auf das Wesentliche zu richten.
Früher, als ich noch als Radrennfahrer unterwegs war, waren die Alpenpässe mein bester Lehrer in Sachen Fokus. Damals bin ich mit über 80 Sachen auf den Asphaltserpentinen die Pässe auf 23 Millimeter schmalen Reifen runtergesaust. Das Erste, was man hier lernt, ist:

Schau beim Anbremsen einer Kurve nie Richtung Abgrund, Leitplanke oder Mauer, sondern visiere immer den Ausgang der Kurve an. Visiere den Punkt an, wo du hinmöchtest, denn dein Körper folgt deinen Augen.

Beim Auto- und Motorradfahren gilt das gleiche. Das ist mit Abstand die wichtigste Regel. Dein Körper folgt deinen Augen. In Extremsituationen ist es oft lebenswichtig, den richtigen Fokus zu haben.

Du hast sicherlich auch schon des Öfteren die Erfahrung gemacht, dass du dich abends auf dem Heimweg gefragt hast: „Wo ist nur die ganze Zeit hin? Ich habe heute nichts richtig umsetzen können."

Dies liegt daran, dass man seine Aufgaben falsch priorisiert und nie richtig in den Fokus-Modus schaltet. Angenommen, du arbeitest gerade an einem Projekt. Du hast eine Vielzahl an Dokumenten vor dir und versuchst, dir einen Durchblick zu verschaffen. Du reihst viele Gedankengänge hintereinander ein und wühlst dich immer weiter vor. Plötzlich hörst du den Song *Don't worry, be happy*, dein Telefon klingelt. Am anderen Ende, ein Kollege aus einer anderen Abteilung. Er möchte deinen Rat bei einer Sache. Er erklärt dir alles lang und breit und anschließend gibst du ihm deinen Ratschlag, legst auf und möchtest direkt da weitermachen, wo du aufgehört hast.
Du suchst den Schalter im Kopf, um sofort wieder an die Stelle vor der Unterbrechung zu kommen, doch es geschieht nichts. Deine ganzen Gedankengänge, die du dir mit viel Gehirnschmalz aufgebaut hast, sind wie ausgelöscht. Du musst dich wieder neu sortieren und neu beginnen. Solche Situationen kommen an einem Arbeitstag schonmal öfter vor.
Laut einer Studie der *University of California* werden wir im Schnitt alle elf Minuten unterbrochen: durch Kollegen, Anrufe, Meetings oder Pop-ups von E-Mails. Im Umkehrschluss bedeutet das, dass wir es an einem kompletten Arbeitstag nicht einmal schaffen, richtig tief fokussiert an einer Sache zu arbeiten.[10]
Erschreckend, nicht wahr?
Du verlierst ebenfalls schnell mal die Kontrolle, wenn du morgens dein Handy entsperrst, auf Social Media surfst und die ganzen Nachrichten und E-Mails durchgehst. Was hat man wohl über Nacht verpasst? Schon bist du in einem Reagier-Modus. Man reagiert mit Trauer, beim Lesen, dass irgendeine berühmte Persönlichkeit verstorben ist, mit Wut und Angst auf die Neuigkeiten im Krieg. Solche Nachrichten können dich den ganzen Tag beschäftigen und ausbremsen.

Ich bin manchmal positiv überrascht, was man mit vollem Fokus alles umgesetzt bekommt. Wenn du dich aber alle 20 Minuten irgendwie ablenken lässt und umherirrst wie eine Maus im Laborlabyrinth, dann bist du

am Ende der Woche noch immer nicht durch mit deinen Aufgaben.
Eins meiner großen Ziele war es immer, ein eigenes Buch zu veröffentlichen. Mein Antrieb war es, mit diesem Buch etwas von bleibender Wirkung zu hinterlassen, wenn ich einmal nicht mehr da bin. So lebe ich auf eine gewisse Weise in meinem eigenen Buch, mit meinen Gedanken und Geschichten trotzdem weiter.
Während der Coronakrise fokussierte jeder sich nur auf die aktuelle Infiziertenrate. Alles drehte sich nur noch darum, wie viele Menschen im Krankenhaus lagen, wie viele auf der Intensivstation. Später ging es dann darum, wie viele schon geimpft waren, einmal, zweimal oder doch dreimal. Welchen Wirkstoff haben sie sich spritzen lassen? Maskenpflicht: ja oder nein. Homeoffice: gut oder schlecht usw ...
Ich machte das Spiel ebenfalls einige Wochen mit, doch dann sah ich eine einmalige Chance. Mein großes Ziel des eigenen Buches. Corona war meine Chance! Es fiel mir zurzeit so einfach wie noch nie zuvor, den Fokus auf eine Sache zu lenken. Ausgangssperre, Restaurants und Fitnessstudios geschlossen. Es war Zeit zu agieren.
Mein Fokus, meine Konzentration war voll auf das eine Ziel gerichtet. Ich fokussierte mich ausschließlich aufs Schreiben. Tag für Tag. So wie du deine Muskeln trainierst, kannst du auch deinen Fokus trainieren. Mein erstes Buch war für mich ein Trainingslager in Sachen Fokus. Zwei Jahre lang fokussierte ich mich darauf. Jeden Tag aufs Neue. Jeden Tag ging ich einen kleinen Schritt. Ich merkte, wie sich meine Gedanken immer mehr ums Buch drehten. Ja, ich lebte das Schreiben! Nach jedem fertigen Kapitel überkam mich ein lebhaftes, aufregendes Gefühl, das mich mit Energie und unbändigem Enthusiasmus erfüllte. Mir blieb keine Zeit mehr, um auf WhatsApp Freunden Nachrichten zu schicken und zu philosophieren, wie es nun weitergeht und dass doch alles Scheiße ist.
Ich surfte auf einer eigenen Welle der Vorfreude und des Optimismus, während andere ängstlich und besorgt zusahen, wie das Leben an ihnen vorbeizog.

Die Krise war für die meisten eine willkommene Ausrede, um ihren Misserfolg zu rechtfertigen. Sind wir mal ehrlich, wir haben doch jeden Tag irgendwelche Krisen. Mal größere, mal kleinere. Ist es nicht Corona, dann geht es um Kriege, Naturkatastrophen, politische Fehlentscheidungen, Finanz- oder Wirtschaftskrisen. Irgendetwas läuft doch eh immer schief.

„Die Kunst, sich länger in eine einzige Aufgabe zu vertiefen, unterscheidet künftig die Erfolgreichen von den Nicht-Erfolgreichen."
US-Informatikwissenschaftler Cal Newport

Wie du es schaffst, fokussiert zu bleiben

Willst du zu viele Türen gleichzeitig öffnen, so wirst du durch keine hindurchgehen.

Im Englischen steht das Wort ***„Focus" für „Follow one course until success"****, also* ***„Folge einem Kurs bis zum Erfolg"***[11]

Durch Fokus entsteht Feuer. Hältst du eine Lupe lange genug über eine bestimmte Stelle, so bringen die Sonnenstrahlen den anvisierten Punkt irgendwann zum Brennen.
Erfolgsathleten sind alle darauf getrimmt, das Feuer zu entfachen. Sie haben einen Plan, konzentrieren sich auf ihr Ziel und ziehen durch. Sie agieren, anstatt zu reagieren. Ohne Plan hingegen lässt du dich treiben. Wenn du die Lupe alle 10 Sekunden über etwas anderes richtest, dann entsteht kaum Hitze.

Genau das tun aber die meisten. Es gibt Menschen, die machen nicht nur eine Sportart, nein, die sind im Tennis-, Fußball- und Basketballverein, gehen aber auch noch schwimmen und Radfahren. Sie müssten wie richtige Athleten aussehen, doch Fehlanzeige. Bei ihnen entsteht nie Feuer, geschweige denn Hitze, da sie sich nicht auf eine Sache fokussieren. Hast du schonmal einen Profisportler gesehen, der in mehreren unterschiedlichen Sportarten Profi ist? Nein, denn 50 % Fokus auf Sportart eins und 50 % Fokus auf Sportart zwei, bringen keine der beiden zum Brennen. Erfolgsathleten fokussieren sich zu 100 % auf eine Sache.
Die Ziele, die du dir hoffentlich weiter vorne im Buch gesteckt hast, sind ab jetzt dein Meister in Sachen Fokus. Diese Ziele motivieren dich und sind spannender als alles andere. Sinnlose Tiktok-Videos und Instagram-Stories werden dich in Zukunft nicht mehr ablenken.
Agiere! Sei produktiv und mache Dinge, die auf deine Ziele einzahlen.
Erfolglose Menschen machen immer auf beschäftigt und stürzen sich in wahllose Aktivitäten, doch sie tun den ganzen Tag nichts, was sie näher an ihre Ziele bringt. Ja, noch viel schlimmer, meistens haben sie nicht einmal Ziele.
Die meisten, die nicht produktiv sind, haben kein Zeitproblem. Sie haben vielmehr ein Prioritätenproblem. Da sie sich keine Ziele gesteckt haben, fehlt ihnen die Motivation und sie werden niemals fokussiert an etwas arbeiten.
Nimm dir jeden Sonntag eine halbe Stunde Zeit, um deine kommende Woche zu planen. Mit einem genauen Plan wird es dir leichter fallen, im Fokus zu bleiben.

Partnerschaft und Erfolg

Die Schere darf sich nicht zu weit öffnen

Nehmen wir mal an, du bist in einer glücklichen Partnerschaft und hast persönlich große Ziele. Du möchtest Unternehmer werden und finanziell unabhängiger leben. Du tust alles Mögliche, um deine Ziele in die Realität zu holen.
Nun kommst du voller Enthusiasmus von einem Seminar nach Hause und dein Partner sitzt auf der Couch und gönnt sich eine neue Netflix Serie. Voller Tatendrang möchtest du ihm vom Seminar erzählen, doch dieser zeigt dir, dass er wenig Interesse an dem Ganzen hat.
Am nächsten Abend geht dein Partner in die Disco, du hingegen möchtest lieber zu Hause ein gutes Buch lesen und an deinem Ziel, Unternehmer zu werden, arbeiten.

Du verstehst sicherlich, worauf ich hinaus möchte. Die Partner haben unterschiedliche Energielevel und verfolgen verschiedene Lebensziele und Interessen. Da sie sich in unterschiedliche Richtungen entwickeln und abweichende Erwartungen an ihr Leben haben, kann dies zu einer Herausforderung werden.
Es ist wichtig, dass jeder seine individuellen Ziele hat, jedoch ist es in einer erfolgreichen Partnerschaft unvermeidlich, einige Gemeinsamkeiten zu haben und diese auch zu pflegen.

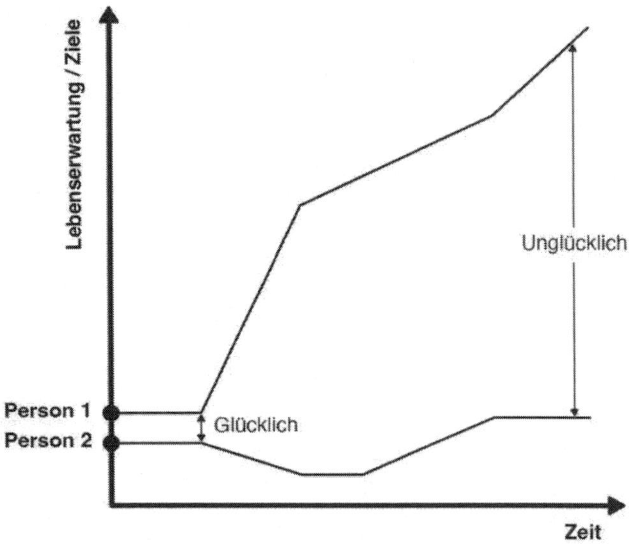

Am Anfang waren sie noch glücklich, doch irgendwann öffnete sich die Schere ihrer Lebenserwartungen und Ziele immer mehr.
Die eine Person fühlt sich eingeschränkt, da sie ihren Wunsch nach Veränderung ausleben möchte und auf Wachstum gepolt ist, während die andere Person lieber in ihrer Wohlfühlzone verharrt, sich an alte Gewohnheiten klammert und Angst vor Veränderung hat. Sie kriegt schließlich zum Geburtstag jedes Jahr eine Geburtstagskarte mit der Aufschrift „Bleib so, wie du bist". Diesem Glaubenssatz geht die zweite Person auch nach. So zu bleiben, wie man ist, ist für die erste Person allerdings wie ein Albtraum. Sich mit dem Durchschnitt zufriedenzugeben und sich nicht weiterzuentwickeln, stellt keine Option in seinem Leben dar.
Beide Partner nehmen verschiedene Entwicklungswege, was mit sich bringt, dass die Beziehung irgendwo auf der Strecke bleibt. Ja, es kann sogar die Gefahr

bestehen, dass die Liebe erlischt, da keiner der beiden seine Lebenserwartung hoch- oder runterschrauben möchte.
Öffnet sich die Schere zu weit, dann ist es Zeit, sie wieder zu schließen. Nur wenn du verdorrte Äste abschneidest, kannst du weiterwachsen.

Derartige Freundschaften oder Partnerschaften kosten viel Energie und belasten deine emotionale Gesundheit.

Wichtig ist, dass beide Partner wachsen

Um beziehungstechnisch erfolgreich zu sein, ist es essenziell, dass man seinem Partner den Freiraum gibt, den er braucht, um zu wachsen.
In meinem Fitnessstudio helfen wir uns untereinander sehr oft beim Gewichte stemmen. Die besten Gym-Partner sind die, die hinter einem stehen, wenn man die Gewichte hochhebt, und erstmal nicht eingreifen. Sie lassen dich allein mit dem Gewicht. Deine Muskeln sind es, die nun Höchstleistung erbringen müssen. Du weißt, dass dein Partner hinter dir steht und jederzeit eingreifen kann. Das gibt dir Sicherheit, Motivation und erhöht deine Trainingsintensität.
Du bist bei der achten Wiederholung, deine Arme zittern, das Gewicht fühlt sich immer schwerer an, doch dein Partner greift immer noch nicht ein. Erst bei der zehnten Wiederholung gibt ihm dein schmerzverzerrtes Gesicht das Signal, dass deine Reserven ausgeschöpft sind. Nun hilft er dir ganz leicht, die Stange wieder hochzudrücken. Er hilft aber auch bei der letzten Wiederholung nur so viel wie nötig, da er möchte, dass deine Muskeln maximal ausgereizt werden. Dieser gesetzte Reiz fördert nämlich am Ende das Wachstum deiner Muskulatur.

Es gibt aber auch Trainingspartner, die schon bei der fünften Wiederholung einschreiten und dir helfen, indem sie 20 % des Gewichtes hochheben. Ab der fünften Wiederholung musst du also nur 80 % Kraft auftreiben.

Mit einem solchen Partner wirst du deine Muskeln nicht zum Wachsen bringen. Widerstand macht den Muskel stärker und kräftiger.
Widerstände im Leben machen dich ebenfalls stärker. Ein Partner soll einen bei schweren Widerständen unterstützen, einem diese aber nicht ganz abnehmen. Ansonsten wird der eine Partner immer stärker und der andere bleibt in seiner persönlichen Entwicklung stehen oder wird sogar schwächer.

Wenn du jemandem ständig hilfst, verlernt derjenige irgendwann sogar das Laufen.

Angenommen, ein Paar hat in seiner Beziehung Probleme mit der Kommunikation und Konfliktlösung. Der eine Partner ist eher introvertiert und findet es schwierig, seine Gedanken und Gefühle auszudrücken, während der andere Partner eher impulsiv ist und dazu neigt, in Konflikten laut zu werden.
Um gemeinsam zu wachsen, könnten sie sich gegenseitig mit den Gewichten, die sie stemmen müssen, helfen. Der introvertierte Partner könnte lernen, offener und selbstbewusster zu kommunizieren, während der impulsivere Partner lernen könnte, seine Emotionen besser zu regulieren und sich respektvoller auszutauschen.
Indem sie gemeinsame Workouts durchführen, entwickeln sie auch ein tieferes Verständnis füreinander und verbessern ihre Kommunikationsfähigkeit.

In einer guten Partnerschaft lernen beide Partner miteinander zu wachsen und unterstützen einander dabei, die beste Version ihrer selbst zu sein.

„Dein Leben wird nicht durch Zufall besser, sondern durch Veränderung“
Jim Rohn

Umgebung

Tauchen wir noch tiefer in das Thema Umgebung ein. Du bist nicht nur, was du isst. Du bist auch, mit wem du dich umgibst. Deine Mitwelt prägt deinen Charakter. Direkt oder indirekt.
Bist du in einem Umfeld unterwegs, in dem deine Ziele etwas Außergewöhnliches und Ungewöhnliches darstellen, wird es eine äußerst schwierige Angelegenheit, fokussiert zu bleiben. Es ist aufreibend, als Einzelkämpfer langfristig in dieser Umgebung zu bestehen.
Bist du unsportlich und übergewichtig, dann erzähl mir nicht, dass die Menschen, mit denen du am meisten abhängst, alle Athleten sind.
Wenn du immer pleite bist, dann erzähl mir nicht, dass in deinem direkten Umfeld nur Millionäre sind. Das ist ausgeschlossen!
Bewegst du dich allerdings in einem Umfeld, was die gleichen oder ähnlich hohen Ziele verfolgt, dann verspürst du einen ganz anderen Drive. – Das von mir bezeichnete Dubai Phänomen.

Du kennst vielleicht das Zitat von Jim Rohn:

„Du bist der Durschnitt der 5 Menschen,
mit denen du die meiste Zeit verbringst.“ [12]

Für mich eines der stärksten und prägendsten Zitate überhaupt!

Wir gleichen uns bewusst oder unbewusst immer wieder unserer Umgebung an. Dies ist ganz natürlich für uns Menschen.

Dein Lebensumfeld besteht aber nicht nur aus Menschen. Es besteht aus mehr als nur Familie, Freunde und Arbeitskollegen. Fangen wir an mit dem Ort, an dem du wohnst. Lebst du in Deutschland, Spanien, in Asien oder in den USA? Wohnst du auf dem Land, so hast du eine andere Umgebung, als ein Mensch, der in einer Großstadt oder Weltmetropole zu Hause ist. All diese Faktoren machen einen Riesenunterschied aus. Es gibt einfach Orte, die setzen in dir eine unglaubliche Energie frei. Du denkst dort einfach größer als anderswo.

Lebst du in einer WG, einem Appartement, einem Einfamilienhaus oder in einer Villa? Auch dieser Faktor in Kombination mit den Menschen in deiner direkten Nachbarschaft prägt und formt dich.

Wenn du der Ärmste in deinem Wohnblock bist, mit deinem VW Polo vor deiner Wohnung parkst und auf der einen Seite ein Porsche und auf der anderen ein Aston Martin steht, dann löst das auf Dauer eine ganz andere Energie in dir aus.

Es hebt deinen Standard automatisch mit an.

Wir sind aber noch nicht fertig, denn wie schon anfangs erwähnt, prägen Bücher, Podcasts und Hörbücher dich ebenfalls.

Und was ist mit den Medien? Was glaubst du? Beeinflusst du die Medien oder beeinflussen die Medien dich? Wenn du Sachen nicht ändern kannst, ist es besser, Abstand davon zu nehmen.

Vermeide daher negative Berichterstattungen und konzentriere dich vielmehr auf dich und deine Weiterbildung. Medien nehmen manchmal bestimmte Fakten bewusst raus oder verbreiten sogar falsche Informationen, um ihre eigenen Interessen zu fördern oder höhere Klickzahlen zu generieren. Je mehr Menschen den Artikel anklicken und lesen, desto höher ihre Werbeeinnahmen. Lass dir von niemandem Unwahrheiten aufschwatzen. Gehe immer kritisch mit den Informationen um, die du in den Nachrichten liest oder die dir jemand erzählt. Zudem lassen Journalisten oft ihre persönliche Meinung mit einfließen, welche nicht zwingend deiner Sichtweise entsprechen muss. Wenn dich etwas wirklich interessiert, dann recherchiere gründlicher und belasse es nicht bei einer Quelle.

Wenn du so isst, denkst und investierst, wie es die Medien propagieren, gehst du ernährungstechnisch, moralisch und finanziell bankrott!

Zu deiner Umgebung können aber auch Vorbilder zählen. Vorbilder sind sehr wichtig für jeden von uns. Hast du nämlich ein Vorbild, das so einiges in seinem Leben richtig macht, dann beschäftigst du dich mit dieser Person. Du liest ihre Biografie, falls sie eine hat, folgst ihr auf Social Media und schaust dir YouTube-Videos oder hörst dir Podcast Folgen an. Wenn du dich lange genug und ausführlich mit diesem Menschen beschäftigst, so kann er auch in deine fünf Menschen hineinrutschen, die dich am meisten prägen und beeinflussen. Ich habe mein ganzes Leben lang schon mindestens ein Vorbild unter meinen Top fünf Menschen, mit denen ich mich umgebe. In meiner Jugend noch im Sportbereich, später waren es dann erfolgreiche Investoren und Unternehmer.

Du stellst mit deinem direkten Umfeld eine Rakete dar. Visierst du ein Ziel an, so brauchst du auch die richtigen Triebwerke. Wenn diese nicht richtig zünden, wird deine Rakete auf halber Strecke ausgebrannt sein. Entscheide weise über deine Triebwerke, die dich zu deinen Zielen begleiten sollen!
Wenn ich an Wochenenden auf Seminare gehe, wofür ich auch noch bezahle, dann mache ich dies auch wegen den tausenden Gleichgesinnten, die ich dort treffen kann.
Dies sind Seminare zu Themen wie Erfolg, Persönlichkeitsentwicklung, Mentaltraining, Positionierung, Verkauf und Vertrieb, Finanzen, Unternehmertum, Motivation und persönlichen Erfolgstechniken.
Hier treffe ich ausschließlich Menschen, die meine Denkweise, Gefühle und Handlungen teilen. Nicht selten entstehen durch solche Seminare sehr wichtige

Kontakte und sogar Freundschaften. Genau die Art von Freundschaften, die du als Triebwerk benötigst, um voranzukommen.

**Du bist ein Produkt deines Umfeldes.
Dein Umfeld arbeitet entweder
für dich oder gegen dich.**

Um erfolgreich zu sein, brauchst du ein Lebensumfeld, was für dich und nicht gegen dich arbeitet. Reflektiere einmal, wie es in deinem Umfeld aussieht.

Wer sind die 5 Menschen, mit denen du die meiste Zeit verbringst?

____

____

____

____

____

Sind das Menschen, die dich inspirieren und in gewisser Weise Vorbilder für dich sind?
Bringen sie dich näher an deine Ziele?
Hast du fünf Personen notiert, die dich in deinen Sandwichbereichen nur bedingt oder gar nicht weiterbringen, dann gilt es, demjenigen klar zu kommunizieren, was deine eigenen Bedürfnisse und Ziele im Leben sind. Merkst du, dass sie dich trotzdem weiterhin ausbremsen möchten und die Schere sich noch weiter öffnet, dann heißt es: abzuschneiden. Ansonsten bleibst du ein Sklave deiner unmittelbaren Umgebung.

Du erinnerst dich an die Grafik aus dem Kapitel „Partnerschaft und Erfolg"?
Möchtest oder kannst du aus irgendeinem valablen Grund nicht abschneiden, dann schenke ihnen doch eine Ausgabe von diesem Erfolgsbooster. Vielleicht kann dieses Buch die Person wachrütteln und die Zündung seines Triebwerkes aktivieren.
Du selbst kannst nur sehr schwer etwas an dieser Situation verändern. Vielmehr muss der so wichtige Impuls von außen kommen.

Der pure Erfolgsgeschmack könnte dieser so wichtige Impuls sein.

An welchem Ort lebst du?

____

Wie fühlt es sich für dich an, dort zu leben? Empfindest du es als ermüdend und demotivierend oder treibt es dich an und inspiriert dich?

____

In welcher Wohnung lebst du?

____

Welche Bücher liest du?

____

Welche Medien konsumierst du regelmäßig?

____

Wer sind deine Vorbilder?

____

Aber was mache ich, wenn meine eigene Familie meine Ziele und meine Visionen nicht unterstützt?
Du hast natürlich nur eine Familie. Da musst du etwas sensibler mit dem Thema umgehen.
Abschneiden bedeutet aber nicht zwingend, diese Menschen komplett aus deinem Leben zu verbannen. Es hilft oft schon, wenn du einfach bewusst weniger Zeit mit ihnen verbringst. Wenn du weißt, dass sie nicht hinter deinen Zielen stehen und ständig negativ darüber reden, dann leistest du dir keinen Dienst damit, wenn du sie jeden Tag um dich hast.
Wenn du mal wieder eingeladen bist auf einen Geburtstag oder eine Hochzeit, dann mach dir selbst den Gefallen und erzähle nichts über deine Ziele, deine Sichtweisen und dein Mindset. Du wirst diese Menschen nur irritieren. Die meisten wollen sich nämlich nicht verändern. Sie wollen genau so bleiben, wie sie sind. Wenn du ihnen doch von deinen Visionen und Zielen berichtest, dann fühlen sie sich verpflichtet, dir diese wieder auszureden. Sie fühlen sich verpflichtet, dir klarzumachen, dass du auf dem falschen Weg bist. Du bist so anders als alle anderen, ja, sie werden dir vermitteln, dass du das schwarze unter all den weißen Schafen bist.

„Sie werden in fünf Jahren dieselbe Person sein wie heute, abgesehen von den Menschen, die Sie treffen, und den Büchern, die Sie lesen."

Charlie Super Jones

Erfolg heißt auch begeistert leben

Schnell Rad zu fahren war meine große Leidenschaft in meiner Jugend! Ich weiß noch, als ich als kleiner Junge meine Eltern im Urlaub verrückt machte und unbedingt um den Lac d'Annecy, im sogenannten *Venedig der Alpen*, fahren wollte. Eine Strecke von 35 km. Meine Eltern redeten auf mich ein: „Mein Sohn, deine kleinen Beinchen sind noch nicht stark genug für eine solche Distanz. Wir kommen in ein paar Jahren wieder. Versprochen."

Ich blieb jedoch hartnäckig und akzeptierte kein „Nein", bis sie einwilligten. Als wir uns auf den Weg machten, strahlte ich vor Freude und Aufregung. Umgeben von einer unfassbar schönen Landschaft trat ich so fest ich konnte in die Pedale und genoss das Gefühl der Freiheit und Geschwindigkeit. Doch auf halber Strecke verspürte ich ein Gefühl der Erschöpfung und meine Pedalumdrehungen wurden immer unregelmäßiger, bis ich auf einmal den Drang verspürte, mich in eine Wiese zu legen. Einige Sekunden später schlief ich ein. Meine Mutter blieb bei mir und mein Vater fuhr den Rest der Strecke alleine mit dem Rad weiter. Er holte uns später mit einem Motorboot ab.

Ich war getrieben vom Radsport; egal welches Rennen gerade am Fernseher lief, saß ich davor und schaute begeistert zu, wie die Spitzenfahrer in den legendären Alpenpässen wie dem Col du Galibier oder der Alpe D'Huez unter dem Jubel der vielen Zuschauer um den Sieg kämpften. Ich kaufte mir jede Radsportzeitschrift, die ich in die Finger bekam und fuhr auch selbst Rad, so viel und lange, wie ich nur konnte.

Wenn ich am Wochenende zu einem Rennen fuhr, dann bin ich nicht nur das Rennen gefahren. Nein, ich bin auch schon vor dem Rennen, Rennen gefahren und auch nach dem Rennen, Rennen gefahren. Ich war begeistert von dieser Sportart.

Die gleiche Begeisterung lege ich heute auf der Suche nach Erfolgsgaranten und profitablen Investments an den Tag. Das ist auch der Grund, weshalb ich meine Learnings mit dir, lieber Leser, in Büchern teile. Hier musst du hinkommen. Du musst einer Tätigkeit nachgehen, für die du brennst. Nur so hast du eine Chance, deine PS auf den Asphalt zu bekommen und erfolgreich in etwas zu werden.

Mach nichts, wofür du keine Passion verspürst und was dir keinen Spaß macht!

„Das ganze Geheimnis eines erfolgreichen Lebens besteht darin, herauszufinden, wozu man bestimmt ist, und es dann zu tun."

Henry Ford

Erfolgreich wirst du, wenn du den für dich richtigen Beruf ausübst

Du steigst morgens um halb sieben ins Auto, fährst aus der Garage, draußen 3°C, Sturm und Regen. Du drehst das Radio etwas lauter und der Radiomoderator grüßt dich mit:

„Halten Sie durch! Nur noch vier Tage und Sie haben endlich wieder Wochenende. Durchhalten heißt die Devise. Zusammen schaffen wir das."

Drei Songs später, schaltet der Motivator sich wieder ein:

„In zwei Monaten ist Silvester. Das heißt, dass Ihr Urlaubskonto wieder aufgefüllt wird. Ich habe euch einmal ausgerechnet, wie ihr mit nur sieben Urlaubstagen insgesamt zwei Wochen freinehmen könnt."

30 Minuten später kommst du im Büro an und siehst, wie die ersten Kollegen die Tage schon in ihrem neuen Kalender ankreuzen. Oh Wunder, es sind die gleichen Arbeitskollegen, die dir immer wieder sagen, wie lange sie noch bis zur Rente haben:

„Noch 6 Jahre, 4 Monate und 18 Tage, dann habe ich es geschafft. Dann beginnt das Leben erst so richtig."

Innerlich denke ich mir dann:

„Was beginnt dann? Was hast du genau erreicht? Was machst du mit deiner Rente, wenn du 40 Jahre keine Begeisterung gezeigt hast?"

Du kennst sicherlich auch solche Kollegen, die sich die ganze Woche auf Freitag oder ihren Urlaub freuen und wenn es dann soweit ist, sind sie immer noch scheiße drauf.

So wie du deinen Beruf ausübst, so lebst du dein ganzes Leben!

Gefällt dir deine aktuelle Arbeit?
Falls du diese Frage mit einem klaren **JA** beantworten kannst, dann herzlichen Glückwunsch, mach weiter so!
Brennst du nicht für deinen Job und deine Aufgaben und bist unzufrieden, dann lege ich dir ans Herz, darüber nachzudenken, ob es nicht an der Zeit ist abzuschneiden. Sprich, eine neue berufliche Herausforderung zu suchen. Eine Herausforderung, die dich erfüllt.

Gerade auf der Arbeit wird gerne gejammert und herumgenörgelt.

„Das Wetter ist scheiße, welcher Kunde will schon bei dem Wetter etwas kaufen."
„Die Konkurrenz ist eh billiger und wird mir den Kunden wegschnappen."
„Der Chef ist schuld. Er weiß selbst nicht, was er will."
„Ich benötige einen Dolmetscher, ansonsten verstehe ich meinen Kunden nicht."
„Das Sternzeichen meines Arbeitskollegen harmoniert nicht mit meinem."

Ja, die Ausreden sind vielseitig und es fehlt selten an Kreativität.
Wenn du das Gefühl hast, dass die Zeit nicht schnell genug abläuft bis zum Feierabend, dann hast du möglicherweise den falschen Job. Die Arbeit erfüllt dich nicht. Brennst du nämlich für deinen Beruf und dessen Aufgaben und Herausforderungen, dann wirst du die Zeit oft vergessen und dir sagen, dass der Tag zu wenige Stunden hat.
Viele schleppen sich morgens zur Arbeit und kommen abends wieder ausgebrannt und leer nach Hause. Wenn

solche grauen Tage eher die Regel als die Ausnahme sind, fehlt irgendwann der Sinn in dem, was man macht. Die Frage nach dem richtigen Job stellt sich irgendwann jeder.
So erging es auch mir, als ich nach 10 Jahren Projektmanager immer weniger erfolgshungrig wurde.
Über die Jahre hinweg merkte ich, wie meine Managementfunktion sich immer mehr in Richtung verkäuferische Aktivitäten entwickelte. Zudem wurde ich durch viele Reorganisationen immer unglücklicher auf meiner aktuellen Stelle. Ich hatte die Nase voll, jeden Abend mit Bauchschmerzen den Heimweg anzutreten, da ich genau wusste, dass ich auf einem Plateau angekommen war.
Kennst du das Gefühl, wenn du dich nicht mehr weiterentwickelst, nur noch das Gleiche tust und keine Erfüllung mehr spürst?
Da mir die berufliche Erfüllung ausblieb, steckte ich mir privat immer neue Ziele, um ausgeglichener zu sein.
Meine Lebensflamme fing immer stärker an zu flackern.
In einem Gefühl der tiefen Leere und Leidenschaftslosigkeit sprach ich zu mir selbst:
„Wenn dich das, was du heute machst, unglücklich macht, dann wirst du in 5 Jahren wahrscheinlich noch unglücklicher sein. 5 Jahre älter bedeutet auch 5 Jahre weniger Energie, weniger Antrieb und weniger Mut."
Zudem tauschte ich über Jahre hinweg meine kostbare Zeit gegen Geld. Ich musste jeden Tag acht Stunden auf der Arbeit sein. Es spielte keine Rolle, ob ich 200 oder nur 50 Projekte im Jahr bewältigte, der Lohn blieb der gleiche.

**Mit wem und woran du arbeitest,
ist viel wichtiger, als die Frage,
wie hart du arbeitest!**

Für mich war es an der Zeit, einen Gewinnerjob zu suchen. Diesmal sollte es aber ein Job sein, für den ich so richtig brenne.
Ich nahm mein Notizbuch zur Hand und recherchierte, wie man einen Job findet, der zu einem passt.

Folgende Fragen schrieb ich nieder:

- Was hat dich in deiner Kindheit fasziniert? Damit meine ich wirklich, was DICH fasziniert hat, noch bevor dich andere manipuliert oder beeinflusst haben.
- Was war deine Leidenschaft in deiner Jugend?
- Was sind deine Leidenschaften heute? Was macht dir heute Spaß?
- Was kannst du besonders gut?
- Womit verbringst du gerne Zeit?
- Bei welcher Tätigkeit verlierst du das Gefühl für die Zeit?
- Wofür bekommst du Komplimente? Wofür wirst du oft gelobt? Oft sind das Sachen, die für dich selbstverständlich sind, aber einem Außenstehenden viel mehr auffallen.
- Stelle dir konkret die Frage: Was würdest du im nächsten Leben gerne machen?
  Dann ist jetzt der Moment. Tue es, ehe es für immer zu spät sein wird!
- Angenommen, du stehst in der größten Bibliothek der Welt. In welchem Bereich würdest du dich nach Büchern umsehen?
  Die Bücher, die du dir aussuchst, sagen nämlich so einiges über deine Leidenschaften aus. Du schlägst kein Buch auf, wenn es dich nicht interessiert. Genauso wenig solltest du einem Job nachgehen, der dich nicht interessiert.

Jetzt ist es an dir, lieber Leser. Falls du unglücklich mit deinem Beruf bist, kannst du gerne Antworten auf diese Fragen suchen.[13]

Bei meinen Antworten waren die Vorzeichen klar.
Ich werde Verkäufer!
Das Thema Verkauf verfolgte mich schon mein ganzes Leben. Anfangs in der Grundschule verkaufte ich noch Sammelbilder in den Pausen. Kein Trend ging an mir vorbei. Von Panini-Bildern zur aktuellen Fußballweltmeisterschaft, über NBA- und Pokémonkarten war alles

dabei. Später, als der Schulhof mir nicht mehr reichte, versteigerte ich alles, was ich in die Finger bekam, auf eBay. Von Autogrammkarten, alten Spielautos über Bücher oder Fußballtrikots bot ich alles an. Ja, ich bastelte später sogar Dekorationen und Lampen aus Treibholz, was ich entlang der Strände sammelte, um sie auf Weihnachtsmärkten an den Mann zu bringen.
Aber auch als Projektleiter fand ich es spannend, bei der Planung mit dem Kunden das Angebot durchzugehen und spezifisch im Nachgang noch zu verbessern, damit es vollkommen auf den Kunden adaptiert war.
In den Projekten läuft selten bis nie alles so, wie man es anfangs geplant hatte. Wenn dies nämlich der Fall wäre, dann bräuchte man keine Projektleiter. Alle Lösungen, die ein Projektleiter während des Projektes implementiert, müssen dem Kunden ja auch erstmal verkauft werden.
Du musst dem Kunden klar aufzeigen können, warum der ursprüngliche Weg nicht funktionieren wird und weshalb dein Lösungsvorschlag mehr als nur eine Alternative ist, du musst intern dein Team motivieren, du musst dein Projektergebnis vorstellen. Ja, manchmal musst du auch mehr Geld beim Vorstand anfragen, um das alles so umzusetzen. Für all diese Punkte benötigst du verkäuferische Fähigkeiten.

Bei all diesen Tätigkeiten wurde mir im Nachhinein bewusst, dass du als Verkäufer das Gewinner-Gen in dir tragen musst. Du musst ständig auf Sieg spielen. Wenn du dies nicht tust und nur spielst, um nicht zu verlieren, ist das Ende vorprogrammiert. Beim Verkauf gibt es keine Silber- oder Bronzemedaille. Entweder du gewinnst Gold, indem du einen Abschluss klarmachst, oder du gehst leer aus.
Spielst du allerdings, um nicht zu verlieren? Dann bist du beruflich besser aufgehoben in Unternehmen oder Einrichtungen, in denen kein Wachstum von dir verlangt wird. Alles in Ordnung. Jeder hat eine andere Persönlichkeit und andere Ambitionen.
Spielst du, um zu gewinnen, dann suche dir einen Job, in dem du deine Zeit nicht gegen Geld tauschst. Als

Verkäufer wirst du nach Leistung und für deine Resultate bezahlt.
Provisionen werden nur nach Produktivität bezahlt. Logisch, oder nicht? Würdest du ein Unternehmen führen, bei dem du jeden Mitarbeiter gut vergütest, egal ob er Leistung bringt oder nicht? Wohl kaum.
Ab Tag eins als Verkäufer verspürte ich direkt eine ganz andere Energie in mir. Ich wusste, dass ich jetzt bezahlt werde für meine Leistung, die ich abrufe, und nicht nur dafür, auf die Arbeit zu kommen.

„Wähle einen Beruf, den du liebst, und du brauchst keinen Tag in deinem Leben mehr zu arbeiten.“
Konfuzius

Du selbst bist der Motor deines Erfolgs.

Dieser Motor muss zu jeder Jahreszeit, in jeder Situation auf Hochtouren laufen!
Wer sich mit großer Passion und Begeisterung in seine Tagesaufgaben stürzt, bringt mehr Leistung als bemitleidenswerte Kreaturen, die schon vormittags überlegen, wie sie den restlichen Tag mit Kaffee- und Zigarettenpausen füllen können.

Mache dir selbst bitte einen Gefallen: Wenn du in deiner Firma Jammerer siehst, dann halte dich von ihnen fern. Jammern steckt nämlich an und es bringt dich nicht weiter im Leben.

Wer seine Arbeit mag, hat nicht mehr das Gefühl, seine Lebenszeit zu vergeuden.

Der Umgang mit Angst

Als ich in meiner Anfangszeit als Verkäufer einen meiner größten Kunden, eine unabhängige Vermögensverwaltungsfirma, besuchte, hatte ich fürchterliche Angst. Ich wusste nicht, ob meine Präsentation ankommen würde, ob ich Antworten auf die Fragen des Kunden haben werde und ob die Harmonie zwischen uns passen würde.
Angekommen in der Firma musste ich gleich an zwei Security-Posten vorbei. Ich wurde komplett gescannt wie am Flughafen, mein Personalausweis wurde eingezogen und ich musste ein Formular unterschreiben, dass alles, was ich in diesem Gebäude sehe und höre, nicht an die Öffentlichkeit geraten darf. Falls dies doch geschehen sollte, dann würden sie rechtliche Schritte gegen mich einleiten.
Ich bekam einen Besucherausweis und anschließend teilten sie mir noch einen Wachmann zu, dessen Aufgabe es war, mich auf Schritt und Tritt zu verfolgen. Nun standen wir stillschweigend da und warteten auf meinen Ansprechpartner, der mich abholen sollte.
Ich merkte, wie ich vermehrt Panik bekam und mein Körper gerade nicht wusste, ob er sich auf einen Kampf oder doch eine Flucht einstellen sollte. Der schick gekleidete Wachmann ließ seine Augen nicht von mir schweifen.
Ich hatte hundert Gedanken gleichzeitig im Kopf:

„Hätte ich doch nur eine Krawatte angezogen. Kleider machen Leute und du Volldepp gehst ohne Krawatte zu einem Kunden, bei dem sogar der Wachmann ein Krawättchen trägt. Wie sehe ich nun aus, ohne Krawatte?"

„Wie soll ich den Kunden begrüßen?"

„Sieht man mir die Nervosität an?"

Der Gedanke, dass ich das Verkaufsgespräch auf Französisch halten musste, was nicht meine Muttersprache war, vergrößerte meine Schweißflecken unter den Armen nur noch. Jedes Mal, wenn die Tür aufging und ein Anzugträger aus dem Gebäude herauskam, zuckte ich kurz zusammen.

Nach gefühlt einer Stunde (real waren es womöglich nur 5 Minuten) Wartezeit war es dann so weit. Mein Gesprächspartner öffnet die Tür. Ein gutaussehender großgewachsener Mann mit einem freundlichen Lächeln kommt auf mich zu. Auch er trug keinen Schlips. Das verspürte ich als Sechser im Lotto.

Er reichte mir die Hand und sagte: „Herzlich willkommen in Alcatraz."*

Ich lachte und antwortete: „Das können Sie aber laut sagen. Ich befürchtete schon, dass ich noch meinen Impfpass und rezente Blutwerte vorweisen müsse."

Er lachte ebenfalls und entgegnete schlagfertig: „Nein, so streng sind wir dann doch nicht. Die Schuhgröße reicht uns völlig aus."

Die ganze Anspannung, die sich über Stunden immer mehr in meinem Körper verbreitet und mich gelähmt hatte, war in wenigen Sekunden wie weggeblasen.

Der Wachmann öffnete uns die Tür und wir gingen ins Büro. Von dem, über das wir sprachen, darf ich dir leider nicht berichten. Ich kann dir nur bestätigen, dass ich nach 70 Minuten gut gelaunt und wahnsinnig erfüllt das Firmengelände wieder verlassen habe.

Kennst du das, wenn die Angst dich überwältigt und einschränkt? Aber was ist eigentlich Angst?

Angst sind nur unsere eigenen Gedanken, die wir uns machen. Angst ist also nichts anderes, als deine eigenen Gedanken, falsch oder negativ, zu beeinflussen![14]

---

*Alcatraz: Gefängnisinsel in der Bucht von San Francisco

Wenn wir uns etwas vorstellen, was uns Angst macht, dann bekommen wir auch Angst. Deine Zellen speichern die Angst aus deinen Gedanken. Kortisol und Blutdruck steigen und du bekommst vielleicht Angstschweiß.
Im Nachhinein war ich sehr verärgert darüber, dass ich meinen Körper solch einem Stress ausgesetzt hatte, indem ich zuließ, dass die Angst die Kontrolle übernahm.
Mit Entschlossenheit suchte ich nach einem Weg, mich gegen die Angst zu immunisieren. Denn solange ich nicht in der Lage bin, meine Ängste zu kontrollieren, bin ich gelähmt und kann meine Ziele nicht verwirklichen.

„Ich bin ein alter Mann und habe viel Schreckliches erlebt, aber zum Glück ist das meiste davon nie eingetroffen.“
Mark Twain

Mein persönlicher Impfstoff gegen Angst

Wem gehört die Angst?

Wenn du Angst verspürst, dann stelle dir als Erstes die Fragen: Gehört die Angst wirklich mir? Ist das meine Angst, die ich da gerade verspüre?
Oder hast du die Angst von jemandem übernommen?
Während der Corona-Pandemie wurde mir dies erst so richtig bewusst.
Auch ich verspürte die Angst, an dem Virus zu erkranken. Aber die Angst kam nicht aus meinem Inneren.

Den Impuls, dass ich Angst um mein Leben haben soll, bekam ich von außerhalb eingetrichtert. Vor allem von den Medien. Die ständige Informationsflut über das tödliche Virus wurde mir von außerhalb eingepflanzt. Selbst war ich kein Risikopatient, relativ jung und in bester körperlicher und mentaler Verfassung.

Wird dir bewusst, dass die Angst, die du verspürst, eigentlich die deines Partners, deiner Eltern oder von sonst jemandem ist, dann schwächst du diese damit deutlich ab.
Bist du dir aber im Klaren, dass die Angst wirklich durch deine eigenen Erfahrungen in deinen Zellen gespeichert wurde, dann mache folgendes:

Male dir das schlimmste Szenario aus.

Sobald du Angst verspürst bei etwas, was du tun musst, stellst du dir das schlimmste Szenario vor, was geschehen könnte.
Was konnte in meinem konkreten Fall schon groß passieren? Die Harmonie zwischen dem Kunden und mir passt nicht? Kommt schonmal vor. Schlimmstenfalls hätte er mich rausgeschmissen.
Wäre dieses Szenario wirklich so schlimm gewesen? Überlebt hätte ich allemal.
Wenn du dir immer wieder die schlimmsten Szenarien ausmalst und diese auch akzeptierst, schwächst du die Angst ab. Sie hat danach nicht mehr die gleiche Wirkung. So lange du bei deinen schlimmsten Vorstellungen nicht an den Punkt kommst, an dem du dir sagst:
„Verdammt! Das wars mit meinem Leben“ und anfängst, zehn Vaterunser zu beten, kannst du zu Punkt 3 übergehen.*

*Ertappst du dich dabei, wie du vor dich hin betest und dich an höhere Mächte wendest, dann lege ich dir ans Herz, professionelle Hilfe in Anspruch zu nehmen.

Worauf wartest du noch?

Das Leben ist zu kurz, um Dinge aufzuschieben. Das Leben ist zu großartig, um in seiner Komfortzone zu verharren.
Töte das Monster, wenn es noch klein ist! Wenn du immer wieder auf Konfrontation mit deiner Angst gehst, dann lässt sie irgendwann von alleine nach.
Vermeidest du die Konfrontation, dann wird die Angst kurzfristig verschwinden, doch langfristig wird sie weiterwachsen und holt dich irgendwann ein.
Wenn du dich der Herausforderung stellst, merkst du ganz oft:
„Oh, davor hatte ich wirklich solche Angst?"
Wenn du es aber nicht probierst, wächst das Monster immer weiter. Deine Ängste werden somit zu deinen Grenzen.

**Sei kein Sklave,
sondern Meister deiner Gedanken.**

Mit Disziplin baust du dir Erfolgsgewohnheiten auf

Du wirst immer wieder Zeiten erleben, in denen du aufgeben möchtest. Um trotz Widrigkeiten auf Kurs zu bleiben, benötigst du eine gewisse Portion an Disziplin. Eine unglaublich wichtige Tugend. Sie erfordert Entschlossenheit, Willenskraft und eine gehörige Portion Selbstkontrolle.

Die Entfernung zwischen der Realität, da wo du heute stehst, und deinen Zielen, da wo du hinwillst, nennt sich Disziplin.

Lässt die Motivation nach, was immer mal wieder vorkommen kann, so ist es die Disziplin, die dich trotz mangelnder Zielstrebigkeit auf Kurs hält.
Disziplin funktioniert immer dann am besten, wenn du sie nicht einmal richtig beanspruchen musst. Sobald du dich aber zwingen musst und wenig Lust dazu hast, wird es schwer, am Ball zu bleiben.

Um deine Disziplin so wenig wie möglich beanspruchen zu müssen, brauchst du drei Elemente

Den Hauptgrund für einen Mangel an Disziplin habe ich oft an den nicht vorhandenen Zielen festmachen können. Hast du klar definierte **Ziele**, dann kennst du die Richtung und es fällt dir wesentlich einfacher, diszipliniert zu agieren.

Disziplin bedeutet, dass wir auf etwas verzichten, weil uns etwas anderes viel wichtiger ist. Du verzichtest auf Fernsehen, weil du ein Ziel vor Augen hast, ein Ziel, das viel lukrativer und spannender ist als alles andere.

In der richtigen **Umgebung** wirst du viel weniger gegen deine Disziplin ankämpfen müssen. Es wird dir viel leichter fallen, disziplinierter zu sein. Wenn du jeden Tag mit Menschen umgeben bist, die trainieren, dann wird es dir ohne große Anstrengung ebenfalls gelingen zu trainieren. Lebst du aber mit einem Partner zusammen, der dich jedes Mal vom Trainieren abbringen möchte, da er selbst nichts von Sport hält, so wirst du es unglaublich schwer haben und deine Disziplin muss ständig auf Hochtouren laufen. Das kostet dich viel Energie, die du aber dringend für den Sport benötigst.

Ein dritter wichtiger Punkt sind die **Gewohnheiten.** Disziplin ist dann am einfachsten, wenn du dir die richtigen Gewohnheiten, die zu deinen Zielen passen, antrainierst. Wenn ich was lange genug gemacht habe, dann muss ich auch viel weniger Disziplin an den Tag legen. Regelmäßiges Lesen gehört für mich in meinem Leben dazu. Ich muss mich nicht dazu zwingen. Es gehört fest zu meiner Abendroutine.

Wie du Gewohnheiten aufbaust

Ein Mensch, der glücklich, wohlhabend, gesund und fit ist, hat sich schlichtweg bessere Gewohnheiten antrainiert als einer, der unglücklich, arm und ungesund ist.

Leider leben wir in einer Gesellschaft, in der schlechte Gewohnheiten immer mehr zur Norm werden. Niemand wird dich schräg anschauen, wenn du ungepflegt das Haus verlässt, deine Versprechen und Verpflichtungen nicht einhältst, dich persönlich nicht weiterentwickelst oder dich ständig über irgendwelche Sachen beschwerst. Im Folgenden verrate ich dir, wie du es mit vier einfachen Schritten schaffen wirst, dir neue Gewohnheiten anzutrainieren und du somit automatisch disziplinierter agierst:

Einen Entschluss fassen

- Ich werde mir dieses Buch jetzt kaufen und durchlesen. Jeden Tag werde ich 30 Minuten lesen.

Keine Ausnahmen

- Es gelten keine Entschuldigungen wie: „Ich habe keine Lust heute", „Einmal ist keinmal" oder „Ich bin müde". Reiße dich zusammen und fokussiere dich auf diese eine Sache. Die ersten Tage sind die schwersten, aber auch die wichtigsten.

Vorstellungskraft

- Stelle dir immer und immer wieder vor, wie du deine Gewohnheit durchziehst. Bist du dabei, mehr Sport zu treiben, dann visualisiere, wie du mit guter Musik in den Ohren am See entlangjoggst und die Natur genießt. Fühle, wie gut dies deiner Seele und deinem Körper tut.

Durchhaltevermögen

- Die Faustregel besagt, wenn man etwas täglich wiederholt, wird es nach 66 Tagen zur Gewohnheit. Dies hängt aber davon ab, wie komplex und schwierig die neue Gewohnheit ist, die man sich antrainieren möchte.

Da deshalb jede Gewohnheit individuell betrachtet werden muss, sehe ich eine Gewohnheit als solche an, wenn einen ein schlechtes Gewissen plagt, sobald man es nicht mehr tut. Hast du es bis an diesen Punkt geschafft, weißt du, dass die neue Angewohnheit im Unterbewusstsein angekommen ist.

Erfolgreiche Gewohnheiten sind schwer zu formen. Im Gegenzug versüßen sie einem aber das Leben.
Schlechte Gewohnheiten bilden sich sehr leicht. Dafür versalzen sie einem das Leben.

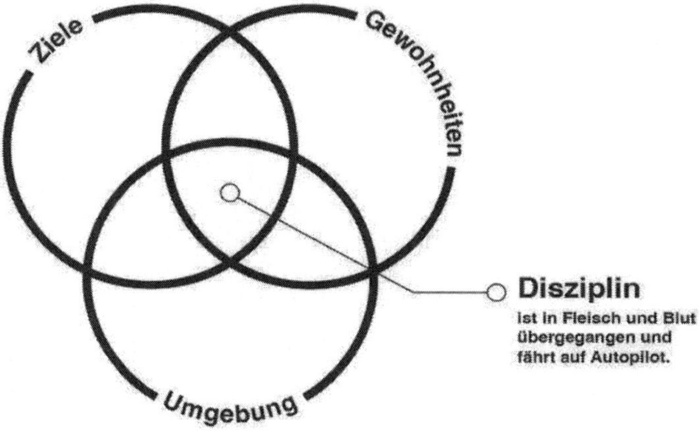

Wenn du diese drei Komponenten vernachlässigst, dann weißt du, woher die Disziplinlosigkeit kommt. Ohne klare **Ziele** wirst du morgens widerwillig aufstehen müssen, wenn dein Wecker klingelt, anstatt motiviert und enthusiastisch in den Tag zu starten. Wenn du dann ins Büro gehst und von einem negativen **Umfeld** erwartet wirst, das dich viel Energie kostet, wird es dir am Abend viel schwerer fallen, neue Ess- oder Sport-**Gewohnheiten** zu entwickeln. Deine Willenskraft hat den ganzen Tag so gelitten, dass abends nichts mehr davon übrig ist. Du bist geistig dermaßen erschöpft, dass du eine weitere Mulde in deine Couch sitzt und irgendwelche Fertigprodukte in dich hineinstopfst.

„Einen von zwei Schmerzen müssen wir ertragen: Den Schmerz der Disziplin oder den eines schlechten Gewissens. Der Unterschied ist, Disziplin wiegt Gramm, ein schlechtes Gewissen wiegt Tonnen.“

Jim Rohn

Was mir die nötige Härte und Willensstärke in Sachen Disziplin gibt, ist eine ganz einfache Sache

Ich lese mir jeden Abend meine Zieleliste durch und stelle mir die Frage:
„Was werde ich morgen tun, das auf meine Ziele einzahlt?"
Jeden Abend füttere ich für einige Minuten mein inneres GPS. Ist dieses aktiviert, sucht es, um ans Ziel zu kommen, nach dem passenden Umfeld. Habe ich ein klares Ziel und das passende Umfeld, so kann ich gar nicht anders, als die richtigen Gewohnheiten zu entwickeln.

Für jedes Ziel, was ich mir setze, ist es das gleiche Spiel:

Ziel:
- Klares Ziel definieren: Buch schreiben

Umfeld:
- Sein Umfeld auf das Ziel anpassen: Sich ein Netzwerk mit anderen Autoren aufbauen

Gewohnheit:
- Gewohnheiten etablieren, die auf das Endziel einzahlen: Tägliches Schreiben

Ziel:
- Finanziell unabhängiger werden

Umfeld:
- Finanzbücher lesen und Seminare besuchen, um neue Kontakte mit Gleichgesinnten zu knüpfen

Gewohnheit:
- Sich jeden Tag mindestens eine Stunde mit dem Thema Finanzen beschäftigen

Werde erfolgreich, indem du die Aufmerksamkeit auf positive Dinge legst

Als ich mit meiner Frau vor unserem ersten Kind nochmal die Zweisamkeit genießen wollte, um so richtig zu entspannen, beschlossen wir, gemeinsam einen Wellnessurlaub zu verbringen.

Am ersten Morgen, beim Aufstehen, wollte ich die Fensterrolllade öffnen. Sie war fast ganz oben, dann riss die Rollladenschnur schlagartig ab und krachte ohne Widerstand zu Boden.

„Na toll", dachte ich mir, jetzt hast du die ganze Etage geweckt. Das fängt schon gut an.

Am Frühstückstisch überrollte mich die nächste Hiobsbotschaft. Ich musste auf einen frischgepressten Saft verzichten, da die Saftmaschine kaputt war. Ich spürte förmlich in mir, wie sich meine Stimmung immer mehr ins Negative zog. All meine Gedankengänge hatten einen negativen Beigeschmack.

Als dann auch noch die Außensauna wegen Wartungsarbeiten geschlossen war und allen Übels auch noch meine Leselampe im Zimmer flackerte, konnte ich dem Urlaub einfach nichts Positives mehr abgewinnen.

Am nächsten Morgen setzte es sich fort, da ich mit Rückenschmerzen erwacht war, was natürlich der billigen Matratze und den schlechten Liegen am Pool zu verdanken war.

Die Negativspirale war unaufhaltsam geworden. Hätte ich hingegen frühzeitig mit positiven Gedanken dagegen gesteuert, wäre es nie so weit gekommen. Wir hätten trotzdem unseren letzten Urlaub zu zweit genossen, aber so blieb nur die Frustration darüber, dass es uns viel Geld gekostet hatte.

Unsere Denkweisen sind Augen, mit denen wir die Welt sehen. Jeder Gedanke, den wir haben, trainiert unser Gehirn, das zu sehen, was wir ihm sagen.

Unsere Denkzentrale ist ein Schauplatz von Träumen und Visionen, von Kreativität und Leidenschaft, von Lernen und Wachstum. Ein wunderbar komplexes Netzwerk aus elektrischen Impulsen und chemischen Reaktionen, in dem sich das ganze Leben in all seiner Vielfalt und Intensität entfaltet.

Deshalb ist es nicht verwunderlich, dass jene Menschen, die den Fokus auf positive Dinge legen, diejenigen sind, die erfolgreicher werden.

Du kennst sicherlich Menschen in deinem Umfeld, die immer alles negativ sehen. Solche Energievampire gibt es wie Sand am Meer. Negative Gedanken beeinflussen unser Wohlbefinden und unsere Lebensqualität erheblich.
Hast du dich nach einem Streit schonmal erschöpft, ausgelaugt und müde gefühlt?
Der Grund hierfür ist, dass es wesentlich anstrengender ist, negativ zu sein als positiv.
Negative Gedanken rauben dir aber nicht nur viel Energie.
Nein, sie:[15]

- verursachen Stress
- blocken positive Energie
- verursachen Sorgen
- lösen Krankheiten aus
- reduzieren deine Produktivität und Kreativität
- nehmen dir in gewisser Weise den Spaß am Leben

Aber wie unterscheidet sich ein negatives von einem positiven Mindset? Ich gebe dir ein Beispiel anhand von einem Schwarzseher und einem Visionär.

Schwarzseher

- Schaut und liest täglich die Medien.
- Redet über die Nachrichten in den Medien.
- Lässt sich vom schlechten Wetter beeinflussen. Zudem nörgelt er gerne übers Wetter.
- Wenn etwas schiefläuft, gibt er gerne den anderen die Schuld.
- Nimmt seine persönlichen Probleme mit zur Arbeit.
- Nimmt im Gegenzug auch noch seine Probleme von der Arbeit mit nach Hause.
- Ärgert sich über Kleinigkeiten.

Visionär

- Ist innerlich zufrieden und mit sich im Reinen.
- Lässt sich nicht von den Medien beeinflussen.
- Sieht immer das Gute an den Dingen.
- Er vermeidet den Kontakt mit Menschen, die ihm immer nur sagen, dass er es eh nicht schaffen wird.
- Er vermeidet negative Wörter wie „nie", „ausgeschlossen", „unmöglich".
- Er liest inspirierende Bücher, hört motivierende Podcasts und besucht erfolgversprechende Seminare.

Welcher der beiden besitzt wohl ein positives Mindset? Welcher der beiden schaut zu, dass sein Sandwich einen stabilen Unterboden hat?

Die Antwort ist:

Sei verdammt nochmal ein Visionär!

Dieses Beispiel war jetzt natürlich schwarz und weiß. Die meisten Menschen sind eine Mischung von beidem, wobei das Negative oft dominiert.

**Eine positive Einstellung ist ein Geschenk.
Ein Geschenk, das du dir selbst machst![16]**

Eine positive Einstellung ist das Fundament für alles.

- Es ist die Stimmung, in der du bist, wenn du morgens aufwachst.
- Es ist die Stimmung, in der du bist, wenn du mit deinen Kindern oder deinem Partner redest.
- Es ist die Stimmung, in der du bist, wenn du zur Arbeit fährst.
- Es ist die Stimmung, in der du bist, wenn du mit deinen Kunden redest.

Sei ein positiver Mensch.
Positive Menschen ziehen andere positive Menschen an. Sie besitzen eine optimistische Einstellung zum Leben und sind in der Lage, Herausforderungen und Schwierigkeiten positiv zu bewältigen. Dies inspiriert und motiviert andere Menschen, ihr eigenes Leben ebenfalls positiver zu gestalten.
Das, was du ausstrahlst, beeinflusst, wie andere Menschen auf dich reagieren.
Wenn du jedoch ständig kritisierst, so wirst du nur andere Kritiker und negative Menschen anziehen. Das wird dich und auch die anderen nicht glücklicher machen. Je weniger du auf negative Menschen reagierst, umso positiver wird dein Leben sein. Und denke vor allem an das Triebwerk-Beispiel. Hat deine Rakete nur negative Triebwerke, so wird sie es nicht schaffen, in Richtung deiner Ziele abzuheben.

**Du kannst kein positives Leben erwarten,
wenn du dich mit Negativität umgibst.
Das Leben ist immer und überall unberechenbar.
Wichtig ist, dass du das Beste draus machst.**

Du musst dein Mindset genau wie deinen Körper mit der richtigen Energie versorgen. Bei deinem Körper sind es Nahrungsmittel, bei deinem Mindset positive Gedanken.

Placebo ist das beste Beispiel, dass wir Menschen uns durch unsere Gedanken heilen können! Der Glaube an eine Behandlung kann oft genauso effektiv sein wie die tatsächliche Behandlung selbst.[17]

„Die Kraft des positiven Denkens ist die Fähigkeit, ein Gefühl von Sicherheit in sich selbst zu erzeugen, wenn dich nichts in der Umgebung unterstützt.“
Tony Robbins

Richte deine Emotionen auf Freude und Dankbarkeit aus und nicht auf Misserfolg und Selbstsabotage.

Negative Gedanken sind ein normaler Teil des Lebens, aber sie müssen nicht unser Leben bestimmen. Indem wir lernen, sie zu akzeptieren, unsere Gedanken zu hinterfragen und positives Denken zu kultivieren, können wir ein besseres Leben führen.
So wie früher die Goldgräber im tiefsten Inneren der Minen nach Gold gesucht haben, musst du ebenfalls in deiner inneren Welt nach positiven Elementen suchen und sie an die Oberfläche bringen. Probiere all deine negativen Gedankengänge stets ins Positive umzuwandeln.

Deine Gedanken kontrollieren dein ganzes Leben, egal welche Hand dir das Leben reicht, fokussiere dich immer darauf, eine positive Antwort zu geben.

Für die nächste Woche wirst du über alles, was dir in den Sinn kommt, hoffnungsvoll und positiv denken, schreiben und sprechen.
Schreibe dir hierfür jeden negativen Gedanken auf, der in dir aufpoppt. Sei es über deinen Job, deine Beziehung, deinen Körper oder deine Gesundheit. Jetzt suchst du positive Gegenbeispiele. Konzentriere dich darauf, bei allem optimistisch zu sein.

Schreibe nun einige Beispiele auf

Negative Gedanken:	Positiver Gegenpol:
____________________	____________________
____________________	____________________
____________________	____________________
____________________	____________________
____________________	____________________

Später kommen wir nochmal auf deine Beispiele, die du niedergeschrieben hast, zurück.

Am wirkungsvollsten ist diese Übung, wenn du dir deine Beispiele vor dem Aufstehen und beim Schlafengehen nochmal durchliest. Dies hilft dir, die Positivität besser und schneller zu verinnerlichen. Wenn du morgens dein Gehirn schon mit positiven Themen fütterst, wird der Tag auch positiver verlaufen. Sobald du die Fähigkeit besitzt, deine Gedanken in jeder Situation in die richtige Richtung zu lenken, weißt du, dass du ein Gewinner-Mindset erschaffen hast.

Du musst dich von deinem inneren Schmutz befreien. So wie du dich jeden Tag äußerlich duschst, um sauber zu werden und gut zu riechen, so musst du dich auch innerlich täglich säubern durch positive Gedanken.

„Für den Optimisten ist das Leben kein Problem, sondern bereits die Lösung."
Marcel Pagnol

Um dein positives Denken zu kultivieren, ist es ebenfalls unumgänglich, dich in Dankbarkeit zu üben.
Sobald ich ein Ziel erreicht habe, konzentriere ich mich sofort auf das nächste. Dabei vernachlässige ich jedoch oft die Gelegenheit, mir anzuschauen, was ich bereits erreicht habe, und dafür einfach mal dankbar zu sein.
Häufig erhalte ich Feedback, dass ich eine der undankbarsten Personen überhaupt bin. Und ich muss zugeben, dass darin eine gewisse Wahrheit steckt. Obwohl ich alles habe, was nötig ist, um ein glückliches und erfülltes Leben zu führen, strebe ich immer nach mehr und finde keine Zufriedenheit. Ich bin ein unzufriedener und rastloser Nörgelpeter.
Allerdings hat dies auch einen großen Vorteil, den ich anderen gegenüber habe. Da ich ständig unzufrieden bin, bringe ich viele Dinge ins Rollen und erreiche dadurch immer mehr. Indirekt profitiere ich also von meiner Unzufriedenheit, auch wenn es für meine Mitmenschen nicht immer einfach ist.
Dennoch bemühe ich mich immer wieder, dankbar zu sein und mich diesbezüglich zu verbessern. Eine Übung, die ich in diesem Zusammenhang anwende, ist folgende:

Ich denke an Kinder mit unheilbaren Krankheiten. Stelle mir vor, wie es sich anfühlen würde, ein Kinderkrankenhaus zu besuchen und mit solchen Kindern, die die Welt noch nicht richtig entdeckt haben und diese schon bald wieder verlassen werden, Zeit zu verbringen. Diese kleinen Helden schauen jeden Tag dem sicheren Tod in die Augen und sind trotzdem unheimlich dankbar für jede Umarmung, jede Berührung, jedes Lächeln, jeden Besuch. In ihren kleinen Augen erkennst du eine tiefe Dankbarkeit für jede Minute, in der sie einigermaßen schmerzfrei spielen und etwas Neues lernen dürfen. Sie sind dankbar für jeden neuen Tag, den sie erleben dürfen. Alleine der Gedanke daran, reißt mich von meinem hohen Ross runter und plötzlich bin ich dankbar für jede noch so kleine Sache.
Genügt die Vorstellung dir nicht? Dann besuche doch ein solches Kinderhospiz und spüre es hautnah.

Wenn deine Zellen diesen Dankbarkeits-Impuls aufgenommen haben, wirst du dich nachher nie wieder über schlechtes Wetter oder einen kleinen Schnupfen ärgern. Dankbarkeit ist heute für mich kein Wort mehr, sondern ein tiefes Gefühl, welches mich daran erinnert, was ich im Leben habe.

Schreibe dir jeden Morgen drei Dinge auf, für die du dankbar bist. Das wird deine Positivität für den gesamten Tag unterstützen.

Das ist ein Prozess, der dich womöglich das ganze Leben begleitet. Immer wieder tauchen in den verschiedensten Situationen negative Gedanken auf oder du hast Probleme, Dankbarkeit zu verspüren. Doch wirst du schnell merken, dass deine Positivität dein ganzes Leben verbessert. Sei es deine Gesundheit, dein Wohlbefinden oder sogar deine Umgebung.

„Ich habe geweint, weil ich keine Schuhe hatte,
bis ich einen traf, der keine Füße hatte."
Giacomo Leopardi

Die Erfolgsformel schlechthin

Ich kann mich noch gut daran erinnern, als ich das erste Mal in New York war. Es fühlte sich unheimlich aufregend an, durch bekannte Straßen wie der Fifth Avenue mit all ihren Luxusgeschäften, den eng belebten Straßen rund um den Time Square, dem Central Park oder dem Broadway, dem Boulevard, welcher sich durch das Zentrum von Manhattan bis zum Hudson River erstreckt, zu schlendern.
Als ich dann aber an der Brooklyn Bridge entlang zur Wallstreet spazierte, verspürte ich die stärksten Emotionen.
Es wimmelte nur so von Geschäftsleuten und Börsenmaklern in noblen Anzügen. Plötzlich waren nicht nur gelbe Taxis und Sightseeing-Busse zu sehen, sondern auch der Klang von Luxussportwagen erfüllte die Straßen. Ich fotografierte gefühlt jeden Wolkenkratzer und blieb ewig vor der New York Stock Exchange, einer der weltweit bekanntesten Börsen, stehen. Ich hatte das Gefühl, dass hier sogar die Luft nach Dollarscheinen roch. In dem Moment kam ich das allererste Mal bewusst in Kontakt mit der Finanzwelt.
Ich sagte mir wie womöglich jeder zweite Tourist an der Wallstreet, dass auch ich viel Geld haben möchte. Ja, ich wollte plötzlich teure Anzüge tragen, noble Karossen fahren, mehrere Wohnungen in Manhattan und eine Wochenendvilla in Long Island mit direktem Zugang zum Meer besitzen.
Ich wollte Teil dieses finanziellen Wahnsinns sein und fokussierte mich in dem Moment ausschließlich aufs HABEN.

In der heutigen Zeit machen viele Menschen den gleichen Fehler und möchten immer nur das HABEN. Sie wollen viel Geld haben, sie wollen den perfekten Partner haben, sie wollen den perfekten Körper haben, sie wollen einen Sportwagen haben, sie wollen ein großes Haus haben, sie wollen eine finanzielle Stabilität haben. Sie wollen hier haben und da haben.
Das Kindersyndrom!
Das Bedürfnis, immer alles HABEN zu wollen. Wir sehnen uns danach, unsere Lebensverhältnisse ständig nach oben zu schrauben, sind auf der anderen Seite aber nicht bereit, an uns selbst zu arbeiten. Wir vergessen bei unseren Wünschen die zwei Stufen, die man vor dem HABEN bewältigen muss.

Um etwas zu HABEN, musst du erstmal was TUN. Und bevor du die richtigen Dinge TUN kannst, musst du wer SEIN.

Die Erfolgsformel lautet:

SEIN + TUN = HABEN

Rahme dir diese Formel ein![18]

Bei meinen anfänglichen Visualisierungsversuchen an der Wallstreet fokussierte ich mich nur aufs HABEN und vernachlässigte das SEIN und TUN komplett. Somit war die Distanz zwischen dem Jetzt und der Zukunft zu groß. Es war unmöglich, aus dem Nichts zwei Stufen zu überspringen, sodass sich schon im Flieger nach Hause schnell ein Gefühl der Ernüchterung einstellte. Die finanzielle Unabhängigkeit schien unrealistisch und unerreichbar. Ich musste lernen, dass das HABEN das Endresultat darstellt. Fokussierst du dich zu sehr aufs

HABEN, so hast du ein Problem mit deinem inneren Wertesystem!
Am Anfang geht es darum, sich in den SEIN-Zustand zu versetzen.
Das SEIN bezieht sich auf unsere Identität - wer wir sind, was wir verkörpern. Du musst dir eine klare Vorstellung von deinen Zielen und Überzeugungen definieren. Du musst deine Ziele als mentale Orientierung vor Augen haben. Dir immer wieder vorstellen, wie es sich anfühlen wird, sie zu erreichen. Das SEIN gibt dir eine andere Ausstrahlung und du fokussierst dich mehr auf Dinge, die du wirklich willst.
Deine Vorstellungskraft hat enormen Einfluss auf deine Energie, deine Handlungen und am Ende darauf, ob du Erfolg oder Misserfolg hast.

SEIN-Ebene:
Wenn du positive Gedanken hast, hast du auch positive Gefühle und viel Energie.

TUN-Ebene:
Wenn du positive Gefühle und viel Energie hast, wirst du viel und schnell umsetzen können.

HABEN-Ebene: Wenn du sehr viel umgesetzt bekommst, wirst du auch positive Ergebnisse erzeugen. Du wirst erfolgreich sein!

Wenn du dir jedoch nur negative Gedanken machst, hast du negative Gefühle und wenig Energie. Somit ist es nicht verwunderlich, dass du dann auch wenig umgesetzt bekommst. Es fällt dir schwer, Energie zu mobilisieren, und du bist schnell erschöpft. Das Ergebnis liegt dann auf der Hand. Du wirst Misserfolg erleben.

„Du hast die Macht über deinen Geist,
nicht über äußere Geschehnisse.
Erkenne das, und du wirst Stärke finden."
Markus Aurelius

Um dir die Erfolgsformel noch deutlicher zu machen, zeige ich dir 4 Beispiele:

Sein – Ist das, was du denkst. Sprich deine Einstellung, die du verkörperst
Falls es mir nicht gut geht, nehme ich Medikamente.
Tun – Ist die Handlung
Ungesund essen.
Haben – Ist das Resultat aus SEIN+TUN
Wenig Energie und gesundheitliche Beschwerden.

Sein
Mein Körper und meine Gesundheit sind mir wichtig.
Tun
Gesunde Ernährung und ausreichend Bewegung.
Haben
Viel Energie und keine gesundheitlichen Beschwerden.

Sein
Du konzentrierst dich darauf, negativ zu denken.
Tun
Du übst dich in Kritik und beschwerst dich ständig.
Haben
Du bist unglücklich und hast ein unerfülltes Leben.

Sein
Du konzentrierst dich darauf, positiv zu denken.
Tun
Du übst dich in Dankbarkeit und Optimismus.
Haben
Du hast ein zufriedenes und erfülltes Leben.

Merkst du den Unterschied in diesen Beispielen?

Alles startet mit dem SEIN.
Das SEIN formt dein Handeln, also dein TUN, was zu Gewohnheiten führt.
Deine Gewohnheiten geben dir das HABEN, das Ergebnis.
SEIN+TUN=HABEN oder auch
DENKEN+ GEWOHNHEITEN=ERGEBNISSE

Erst Jahre später, als ich Seminare besuchte, um meine finanzielle Bildung und somit den Vermögensaufbau voranzutreiben, verstand ich diese Formel.
Auf solchen Seminaren findest du nur die Art Menschen, die den steinigen Weg an die Spitze selbst gegangen und oft dabei gestürzt sind und falsche Abzweigungen genommen haben. Das sind die Menschen, die sich den Erfolg erarbeitet haben. Das sind die Menschen, welche die Erfolgsformel:
SEIN+TUN=HABEN verstanden und verinnerlicht haben!
Umgeben zu sein von solchen Erfolgsathleten, das macht etwas mit deinem SEIN.
Das ist ein Riesenunterschied zu den Lotto- oder Erbschaftsmillionären.
Die Kategorie, denen das Geld einfach so zugeflogen kommt, wird mit der Gondel sofort an die Spitze des Berges gebracht, ohne sich selbst angestrengt zu haben. Sie kennen nur das Resultat, das HABEN.
Es ist wie früher in der Schule. Die einen schreiben das Resultat nur ab. Andere wiederum beschäftigen sich damit und wenn sie es verstanden haben, können sie es immer wieder lösen. Der, der abschreibt, der weiß es am nächsten Tag wieder nicht.

Deshalb kannst du einem Selfmade-Millionär auch das HABEN, also das Resultat seiner Arbeit wegnehmen. Er kennt die Formel und den genauen Weg zurück an die Spitze. Nimmst du hingegen einem Lottomillionär etwas weg, so ist er verloren. Er kennt weder das SEIN noch das TUN, um wieder zurück an die Spitze zu gelangen.
Ich kenne eine Investmentbank, die ab 2 Millionen liquides Vermögen das Kapital von Kunden anlegt. Die Basisfrage, die sie jedem Neukunden stellen, ist die, wie sie an ihr Geld gekommen sind und wie ihre Beziehung zu Geld aussieht. Stellt sich heraus, dass der potenzielle Kunde sein Geld geerbt oder in der Lotterie gewonnen hat, so nehmen sie schnell wieder Abstand. Dies sind nämlich Eintagsfliegen. Die Bänker wissen ganz genau, dass diese Person nicht das richtige Money-Mindset besitzt. Bei Selfmade-Millionären hingegen

verstehen sie sofort, dass dort, wo 2 Millionen mit dem richtigen SEIN und TUN verdient wurden, noch weitere nachkommen werden. Dieses Jahr sind es 2 Millionen, in 3 Jahren kommt er mit weiteren 4 Millionen wieder. Das macht den Kunden dann lukrativ.

„Was du heute denkst, wirst du morgen tun."
Leo Tolstoi

Sei mal ganz ehrlich mit dir selbst

Wenn du dir Millionäre anschaust, beneidest du dann wirklich das viele Geld, was sie haben? Nein, eigentlich beneidest du vielmehr die Hobbys, denen sie nachgehen, die vielen Reisen und vor allem deren Freiheit, machen und tun zu können, auf was sie auch wirklich Lust haben. Du beneidest ihren Lifestyle.

Das Geld an sich ist nie das wahre Warum. Es ist vielmehr all das, was du mit dem Geld machen oder kaufen möchtest, was dich antreibt.
Das HABEN, das Resultat habe ich damals in New York an der Wallstreet stehend erlebt und gespürt. Das SEIN bekam ich in Dubai eingehämmert, als ich am Strand unter Palmen mein allerallererstes Finanzbuch las, was mein finanzielles Denken auf den Kopf stellte.[19] Erst als ich in die Welt des SEINS eintauchte und mir lebhaft vorstellte, wie es sich anfühlt, finanzielle Unabhängigkeit zu erlangen, mehr Zeit für meine Familie und meine Hobbys zu haben, endlich Zeit für mich selbst zu finden und mich wieder verstärkt dem Sport zu widmen,

um ein fitteres und gesünderes Leben zu führen. Erst als ich mir immer wieder bewusst machte, wie es ist, weniger Stress zu haben und dadurch auch seltener krank zu sein. Wie es sich anfühlt, diesen Lebensstil zu genießen, mehr zu reisen, neue Kulturen zu entdecken und so weiter und so fort. Erst dann formten sich neue Gewohnheiten, welche neue Energie, Emotionen und Gedanken in Bezug auf meine Finanzen auslösten. Sie sprudelten nur so aus mir raus. Eins baute sich auf das andere auf und meine finanzielle Situation wurde immer besser.* Das luxuriöse und erfolgshungrige Ambiente in Dubai wirkte zusätzlich als Booster und verstärkte meine finanziellen Emotionen.

Erfolgsathleten, die es bis an die Spitze geschafft haben, die haben einen Weg voller Hindernisse, Schmerz und Rückschlägen bewältigt.
Menschen, die sich allerdings nur auf das Haben fokussieren, die wollen das Spiel gewinnen, ohne zu spielen.
Das einzige HABEN, was diese Menschen bekommen, ist:
Sie werden sterben, ohne gelebt zu HABEN.

Gehen wir über die Visualisierung tiefer in das so wichtige und ausschlaggebende SEIN hinein.

---

*In *Golden Brain- Lerne die Grundlagen des Investierens und werde finanziell unabhängiger* gebe ich dir das SEIN und TUN mit auf den Weg, um finanzielle Unabhängigkeit zu HABEN. Ich zeige dir über den Prozess des SEINs und TUNs, was du in Sachen Finanzen umsetzen musst, um keine Geldsorgen mehr zu HABEN.

Die Kraft der Visualisierung

„De de dehhh, de de dehhhh, Risin' up, back on the street ..."
Wenn ich dieses Lied höre, *Eye of the Tiger* von der Gruppe *Survivor*, dann könnte ich sofort losrennen, Liegestütze machen, alle Treppen in meiner Nachbarschaft raufrennen und mich oben ankommend selbst feiern.
Warum löst dieses Lied, was bei der kultigen Boxlegende Rocky gespielt wird, so eine Motivation und Energie in mir und wahrscheinlich auch in dir aus?
Wir sind konditioniert, da wir uns den Film so oft angeschaut haben und diese Emotionen in unseren Zellen gespeichert sind.

Bruce Lipton, Zellbiologe und Autor von *The Biology of Belief*[20], ist der festen Überzeugung, dass Zellen ein Bewusstsein haben. Ändert man seine Überzeugungen und Weltansicht, so führt das auch zu Veränderungen in den Körperzellen.
Es hat sich sogar herausgestellt, dass man durch eine positive Einstellung die Alterungsprozesse verlangsamen kann.
Unsere Zellen reagieren also auf Informationen aus unseren Gedanken, Überlegungen und Glaubenssätzen.
Diese Wirkung habe ich in Dubai selbst miterlebt. Meine Zellen wurden neu programmiert durch die neu gewonnenen Finanzkenntnisse. Wenn du an solche Orte reist, solltest du unbedingt inspirierende Bücher mitnehmen! Sie werden dich stärker motivieren, als ein Espresso es jemals könnte.

Auch Dr. Joe Dispenza belegt in seinem Buch *Becoming Supernatural*[21], dass Geist und Körper eine starke Verbindung zueinander haben. Der Autor beschreibt, wie man seine Zukunft ändern kann, indem man sich selbst ändert, sprich seine Gedanken, Gewohnheiten und Gefühle. Er beweist anhand von wissenschaftlichen Grundlagen, Studien und Experimenten, dass man wird, was man denkt.
Das, worauf wir unsere Aufmerksamkeit richten und ständig in unserem Kopf durchspielen, sprich visualisieren, wird zu unserer Zukunft.

Unsere Zellen reagieren auf Impulse aus unserem Gehirn. Visualisiere daher nur Sachen, die dich antreiben, und keine Sachen, die dich blockieren.

Mache bitte nicht den Fehler und sage dir:
„Ich glaube nur an das, was ich sehe."
Tust du das nämlich, dann glaubst du nur an die Vergangenheit!
Menschen mit wenig Erfolg leben oft nur in der Vergangenheit. Sie tun sich schwer damit, bereits Geschehenes loszulassen und im Hier und Jetzt zu leben. Wer gedanklich in der Vergangenheit lebt, wird sein volles Potenzial nie entfalten. Vergeude heute nicht deine kostbare Zeit. Sieh deine Vergangenheit als Erfahrungswerte an, die du gesammelt hast und nicht als lebenslange Haftstrafe!

Lebe im Jetzt und tue so, als wäre die gewollte Zukunft bereits eingetroffen.

Erfolgsathleten machen nämlich genau das. Sie schauen nach vorne auf ihre Ziele, auf all das, was sie erreichen möchten, und ziehen bildlich die gewünschte und visualisierte Zukunft ins Hier und Jetzt.
Du musst deine Ziele erst in deinem eigenen Kopf, in deinen Gedanken sehen, nur dann, wenn du deine Ziele visualisierst, kannst du sie auch umsetzen.

Nutze die Visualisierung, um den emotionalen Zustand herzustellen, den du brauchst, um ins Handeln zu kommen.

Visualisierung ist keine Magie. Visualisierung ist kein Quatsch.
Du machst es jeden Tag.
Visualisieren bedeutet lediglich, dass du dir vorstellst, was in Zukunft passieren wird.

Du bist dabei, einen Urlaub zu buchen. Schaust dir die Hotelanlage an, siehst Fotos vom türkisblauen Meer, stellst dir vor, wie du jeden Morgen am Buffettisch sitzt und aufs Meer schaust. Du stellst dir vor, wie du am Strand liegst, Cocktails schlürfst, ein gutes Buch liest und dich immer wieder ins Meer abkühlen gehst. Du stellst es dir vor, wie du zwei Wochen wie ein König lebst. Weder arbeiten noch kochen oder putzen zu müssen. Der ganze Alltagsstress fällt von dir ab. Unter der südländischen Sonne füllen sich deine Batterien wieder auf und du bekommst neue Energie und Inspiration.
Spürst du nicht gerade eine gewisse Vorfreude auf deinen nächsten Urlaub? Allein diese Vorstellung triggert bei uns eine Dopamin-Ausschüttung. Wir fühlen es schon, obwohl es noch nicht eingetroffen ist.
Vorfreude ist nichts anderes als eine Visualisierung. Denn die Sache ist ja noch nicht passiert und trotzdem löst es schon Emotionen in dir aus. Du spürst die Freude jetzt schon, weil du die Zukunft schon siehst.

Immer mehr Menschen berichten darüber, wie das Visualisieren ihnen hilft, erfolgreicher zu werden und ihre Ziele zu erreichen.
Da fällt mir sofort Andre Agassi ein, der, als er sein erstes großes Turnier gewonnen hatte, gesagt hat:
„Ich habe Wimbledon 10.000-mal im Kopf gewonnen"[22]
Da wurde er erstmal von den Journalisten belächelt, da sie dies nicht verstanden hatten.
Er hat es so oft in seinem Kopf durchgespielt und gefühlt, dass es sich genauso anfühlte wie zu dem Zeitpunkt, an dem er es schaffte.

Oder Arnold Schwarzenegger, welcher der Inbegriff von Erfolg ist und ebenfalls die Technik der Visualisierung für sich nutzt. Er visualisierte sich beim Bodybuilding auf der Bühne stehend, wie er den Wettbewerb gewann. Er sah sich selbst als Terminator, wie er seine Gegner ausschaltete, und auch später in der Politik hörte er nie auf, seine Reden und Überzeugungen immer und immer wieder zu visualisieren.[23]

„Die wichtigste Sache, die dich antreiben wird,
ist deine Fähigkeit, sich hinzusetzen und eine Vision
davon zu entwickeln, wie du sein möchtest,
und es jeden Tag in deinem Kopf zu leben."
Tony Robbins

Beim Visualisieren schaffst du dir eine Umgebung, die dich positiv beeinflusst. Kein Mensch hat so viel Einfluss auf dich, wie du selbst.

Die Qualität unseres Lebens hängt entscheidend mit unseren Gedanken zusammen.
Wir verbringen jedoch viel zu wenig Zeit damit, unsere Gedanken zu verbessern.
Ein Mensch mit einem schwachen Geist wird niemals in der Lage sein, die beste Version seiner selbst zu werden, denn ein äußerer Wandel setzt immer eine innere Veränderung voraus.
Die meisten Menschen legen morgens sofort los, frühstücken nicht richtig, beantworten E-Mails und fallen

spätestens um 10 Uhr in ein Motivationsloch. Ihnen fehlt irgendwann die Energie, den Rest des Tages voll durchzuziehen.
Sie fokussieren sich nur auf das TUN und vernachlässigen das SEIN. Sie machen sich eine To-do-Liste, was sie alles zu erledigen haben. Ich erstelle mir hingegen eine To-be-Liste und mache mir Gedanken, wer ich heute SEIN will.[24]
Ich visualisiere meine Tagesziele erstmal. Ich steige in die Visualisierung ein und fühle mich schon als der, der ich in Zukunft sein möchte. Ich sehe mich, wie ich den Tag durchlebe, wie ich meinen Körper in Form bringe, wie ich eine Präsentation erfolgreich gestalte, wie ich mich gesund ernähre, wie ich viel Geld verdiene, sehr viel Geld!
Dein Gehirn programmiert deine Zellen im Körper und deine 5 Sinne werden danach suchen, was dein Gehirn ihnen an Signalen zusendet. Diese Power, diese Energie wird dich unglaublich pushen über den gesamten Tag.
Merkst du den Energie-Level-Unterschied?
Am besten funktioniert die Visualisierung bei mir während und nach dem Sport, wenn der Körper maximal mit Sauerstoff versorgt ist.

Sorge dich weniger darum, was du hast,
als vielmehr darum, was du bist.
Sokrates

Was bedeutet Realität?

Du glaubst noch immer, dass Visualisierung quatsch ist und nichts mit der tatsächlichen Realität zu tun hat? Hast du dich schonmal gefragt, was Realität eigentlich genau bedeutet?
Realität ist etwas, was du dir selbst einredest. Du machst dir deine eigene Realität mit deinen Gedanken. Das muss in deinen Kopf!

Wenn du nicht glaubst, dass du eine neue Realität erschaffen kannst, dann sei dir bewusst, dass deine jetzige Realität auch erschaffen wurde.

Ein Zustand existiert nicht, ohne einen Vergleich zu etwas anderem. Wenn du sagst: „Ich bin reich.", dann stellt sich die Frage: Im Vergleich zu wem bist du reich? Oder du behauptest von dir: „Ich bin sportlich." Im Vergleich zu wem bist du sportlich?
Wenn du davon ausgehst, dass das Maximum, was du verdienen kannst, 100.000 € im Jahr beträgt, dann wirst du wahrscheinlich nur Menschen in deinem Lebensumfeld haben, die genau diesen Betrag oder weniger verdienen. Deshalb nimmst du dies als deine Realität wahr. Menschen, die 100.000 € und mehr im Monat machen, haben eine ganz andere Realität. Und ja, solche Menschen gibt es wie Sand am Meer!

Deshalb nochmal der Hinweis an deine Umgebung. Wenn du dich mit Menschen umgibst, die da sind, wo du hinwillst, werden sie nicht nur dein Mindset verändern, nein, sie werden auch deine Realität verändern.

Wahrscheinlich hast du diesen Spruch des Umfeldes schon satt. Doch möchte ich, dass das wirklich hängen bleibt. Du musst bis in die letzte Körperzelle verstehen, dass das richtige Umfeld, was zu deinen Zielen passt, dir vieles ungemein vereinfacht und dir einen Booster verpasst, der lebenslang nachwirkt.

„Alles, was wir hören, ist eine Meinung, keine Tatsache.
Alles, was wir sehen, ist eine Perspektive,
nicht die Wahrheit."
Marcus Aurelius

Limitierende Glaubenssätze

Als ich auf meiner täglichen Kundentour gerade auf dem Weg raus von einem Brillenhändler war, sprang mir über der Ausgangstür folgender Spruch ins Auge:

„Manchmal beginnt ein neuer Weg nicht damit,
Neues zu entdecken, sondern damit,
Altbekanntes mit ganz anderen Augen zu sehen.“

Der Spruch verfolgte mich auf meiner Weiterfahrt und ich überlegte immer wieder, was er wohl in den Augen des Brillenhändlers zu sagen hatte.
Als ich einige Tage später an einem sonnigen Nachmittag mit meiner Sonnenbrille durch die Innenstadt flanierte, kam der Spruch wieder in mir hoch. Er ließ mich einfach nicht los und plötzlich. als ich die Brille kurz abnahm, wurde er mir wortwörtlich sonnenklar.
Mit der Sonnenbrille sah ich ganz andere Farben, andere Schattierungen, alles war dunkler. Ja, die UV-Gläser filterten gewisse Sachen raus und veränderten meine Realität.
Ohne Brille hatte ich plötzlich eine andere Wahrnehmung, obwohl ich mich noch immer in der gleichen Straße befand. Überspitzt gesagt, hatte ich mit Sonnenbrille andere Glaubenssätze als ohne.

Dieser Spruch beim Brillenhändler: *„Manchmal beginnt ein neuer Weg nicht damit, Neues zu entdecken, sondern damit, Altbekanntes mit ganz anderen Augen zu sehen*“, wollte lediglich sagen, dass man offen sein soll, Altbekanntes regelmäßig zu überdenken. Ein neuer

Weg kann beginnen, wenn wir alte Glaubenssätze hinterfragen, die wir als wahr annehmen, es aber vielleicht schon lange nicht mehr sind.

Unsere eigene Realität setzt sich aus unseren Glaubenssätzen zusammen.
Glaubenssätze sind unsere Kraftquelle.
Unser Gehirn probiert ständig, Muster zu erkennen und diese dann als wahr anzunehmen.
Man glaubt zu wissen, wie die Welt funktioniert.

Doch sind Glaubenssätze keine Fakten. Sie sind lediglich unsere eigene Interpretation von etwas. Deshalb ist es so wichtig, seine eigenen Filter, die man in sich trägt regelmäßig zu hinterfragen. Die meisten unserer Überzeugungen formen sich schon früh in unserer Kindheit und bauen sich auf den Glaubenssätzen unserer Umgebung auf.
Erinnerst du dich noch daran, dass meine Muskeln einfach nicht wachsen wollten? Dass fünf verschiedene Coaches an mir verzweifelt sind? Der Hauptgrund, weshalb meine Muskeln nicht gewachsen sind, erkannte ich erst, als ich den sechsten Coach bekam. Ein Athlet, wie er im Buche stand. Er nahm selbst an Bodybuilding Wettbewerben teil und lebte das SEIN und TUN wie kein anderer Trainer in diesem Gym.
Dein Fitnesscoach hat Grenzen im Kopf. Diese Grenzen werden auch gleichzeitig deine Grenzen darstellen, da er dich überhaupt nicht über seine eigenen Grenzen hinaus trainieren kann. Mein neuer Coach hatte eine ganz andere Realität, ganz andere Glaubenssätze als seine Vorgänger.
Ja, man könnte sagen, dass dieser Coach mir Trainingsschuhe schenkte, die 5 Nummern zu groß waren. Meine Füße hatten zukünftig wieder Platz und Freiraum zum Wachsen.
In der Kindererziehung ist dieses Phänomen ebenfalls verbreitet. Wie oft sieht man Kinder, die unsicher sind und sich nichts zutrauen. Weshalb? Weil die Eltern es dem Kind nicht zutrauen. Kinder haben noch keine Wahl, ihr Umfeld selbst zu bestimmen. Sie sind angewiesen

auf ihre Eltern. Die Eltern entscheiden, wo die Grenzen des Kindes liegen. Glaubst du mir nicht? Dann beobachte doch mal die Eltern auf einem Spielplatz.

„Olivia, nimm bitte die kleine Rutsche. Du beschleunigst viel zu schnell.“
„Evelyn, ich sagte dir doch, dass du noch nicht so schnell laufen kannst wie dein Bruder.“
„Felix, komm sofort runter vom Klettergerüst. Das ist viel zu hoch für dich.“

Die Glaubenssätze deiner Eltern färben auf dich ab.
Die Glaubenssätze deiner Lehrer spiegeln sich auf dir ab.
Die Glaubenssätze deines Sporttrainers spiegeln sich auf dir ab.
Die Glaubenssätze deines Umfeldes spiegeln sich auf dir ab.
Die Glaubenssätze deines Vorgesetzten spiegeln sich auf dir ab.
Die Glaubenssätze deiner Arbeitskollegen spiegeln sich auf dir ab.

Für all die Sachen, die wir nicht wissen oder mit denen wir uns noch nie so richtig auseinandergesetzt haben, bilden wir Glaubenssätze. Wir glauben, etwas zu wissen, ohne es zu wissen.
Deshalb ist es in erster Linie wichtig, herauszufinden, was deine Glaubenssätze sind.
Als Fahrradfahrer wird man hin und wieder auch mit Plattfüßen konfrontiert. Wenn ich erneut einen platten Reifen habe, lege ich den Schlauch unters Wasser und schaue, wo kleine Luftbläschen aufsteigen. An exakt der Stelle ist das Loch. Dieses Loch entzieht dem Reifen die Luft, ja sie entzieht dem Reifen das Leben. Nun weiß ich die exakte Stelle, an der ich den Reifen reparieren muss.

Solange du deine negativen Glaubenssätze nicht detektierst, entziehen sie dir die Luft aus deinem Leben.

Wie du deine negativen Glaubenssätze detektieren kannst

Oft wirst du erst erfolgreicher, wenn du das, was dir beigebracht wurde, hinterfragst!

1) Stelle dir ganz konkret die Frage, was die Ursache für deine aktuelle Situation ist. Weshalb hast du beispielsweise noch nicht mit dem Vermögensaufbau begonnen?

Einige Beispiele hierfür wären:

Ich habe noch nicht damit begonnen ...

- ... weil ich zu wenig verdiene.
- ... weil ich nicht genug Geld zum Sparen habe.
- ... weil ich nicht motiviert bin.
- ... weil ich Geld hasse.
- ... weil ich viel zu gerne shoppen gehe.
- ... weil ich zu gestresst bin.
- ... weil ich schon zu alt bin und es jetzt zu spät ist.
- ... weil keiner in meiner Familie vermögend ist.
- ... weil keiner meiner Freunde sich mit dem Thema Geld beschäftigt.
- ... weil ich Kinder und einen 40–50 Stunden Job habe. Somit habe ich keine Zeit, mich mit dem Vermögensaufbau zu beschäftigen.

2) Ein weiteres Indiz für negative Glaubenssätze sind Wörter wie „unmöglich", „kann nicht", „immer" oder „nie". Achte mal genau darauf, wann und wie oft du diese Wörter benutzt. Sobald du diese in einem Satz verwendest, ist dies ein negativer Glaubenssatz, der in dir schlummert.

Einige Beispiele hierfür wären:

- Ich werde doch eh nie Millionär.
- Ich bin am Ende des Monats immer wieder im Minus.

- Ich habe keine reichen Eltern, ich kann also gar nicht reich werden.
- Es ist unmöglich, in meiner Situation Geld zu sparen.
- Wenn ich jetzt wieder mit dem Sport anfange, verletze ich mich doch eh wieder. Ich werde nie fit.

Diese Punkte sind deine limitierenden Glaubenssätze. All das, was du dir vorgestellt hast, sind Bremsen, die du lösen musst.
Mit solchen „Ich kann das nicht"-Aussagen kreierst du eine Situation, in der du dich als Opfer siehst. Jedes Mal, wenn du dir sagst: „Ich kann das nicht.", limitierst du dich. Du machst dich mit dieser Aussage machtlos. Du kannst es nicht. Also, was sollst du noch machen? Es geht ja nicht. Du kannst es nicht und fertig.

Nun gehst du hin und änderst diese Sätze in:

„Ich will das nicht tun."

„Ich kann nicht reich werden." wandelst du in „Ich will nicht reich werden." um.
Jetzt hast du die Machtlosigkeit in eine klare Entscheidung von dir umgewandelt. Du „willst es nicht", heißt doch, dass du es könntest, oder nicht?

3) Nun geht es darum, herauszufinden, warum du es nicht willst. Bestimme die Ursache für den negativen Glaubenssatz. Basieren die Dinge, an die du glaubst, aus deiner eigenen Schlussfolgerung?

Oder hast du diese über Jahre von deinen Lehrern gehört und sie als wahr angenommen? Haben deine Eltern immer wieder betont, dass sie kein Geld haben? Oder, dass Geld den Charakter verdirbt? Hast du etwas in den Medien aufgeschnappt und dies als bare Münze wahrgenommen? Hast du etwas in der Vergangenheit erlebt, was sich wiederholen könnte?

4) Hinterfrage deine Glaubenssätze in regelmäßigen Abständen. Sind sie immer noch aktuell? Nutzen sie dir heute noch mit Blick auf deine Ziele oder schränken sie dich nur ein?

Mach dir bewusst, welche Konsequenzen diese negativen Glaubenssätze bislang für dich hatten. Was ist dir dadurch alles entgangen? Wie genau sieht deine Zukunft wohl aus, wenn du genauso weitermachst wie bisher?
Ein Mensch, der seine Glaubenssätze nie hinterfragt, der stürzt sich in wahllose Aktivitäten, da er zu faul zum Nachdenken ist.

Wie du siehst, ist es sehr wichtig, sich seinen negativen Glaubenssätzen bewusst zu werden. Denn schon allein dadurch, dass du dir diese bewusst machst und gezielt darüber nachdenkst, nimmt dein Gehirn die neuen Informationen auf und du schwächst die Limitation in dir ab.

„Bis wir uns das Unbewusste bewusst machen, wird es unser Leben lenken und wir werden es Schicksal nennen.“

Carl Gustav Jung

Dein Leben spiegelt immer deine Glaubenssätze wider! Dein Leben, so wie du es aktuell führst, ist das Ergebnis deiner Glaubenssätze.

Ich trug beispielsweise immer den Glaubenssatz in mir, dass ich ein schlechter Koch sei. Bis ich einmal eine französisch-asiatische Kochschule besuchte.
Durch das Lob eines japanischen Kochlehrers, der meine Schnitttechnik und das perfekte Abschmecken meiner Miso-Suppe anerkannte, wurde mein alter Glaubenssatz entschärft. Plötzlich öffnete sich meine Glaubensgrenze. Seit dem Erlebnis koche ich leidenschaftlich gerne und experimentiere auch sehr gerne mit neuen Gerichten rum.
Limitierende Glaubenssätze wirst du immer wieder bei dir finden. Du erlebst jeden Tag neue Situationen und schnappst jeden Tag neue Informationen über irgendetwas auf. Jetzt kommt aber das Allerwichtigste. Was passiert wohl, wenn du deinen Glaubenssatz einmal infrage stellst? Genau ... Nichts.
Hast du deine Glaubenssätze bis an die Oberfläche gebracht, musst du deine **neue Realität** festigen. Du musst dir eine Umgebung erschaffen, die die neuen Fakten für dich auch bestätigt. Die neue Umgebung kann aus Persönlichkeiten, Orten, Büchern und ähnlichem bestehen. Nur, wenn du dauerhaft neue Impulse empfängst, wirst du irgendwann deinen Glaubenssatz ausgelöscht oder korrigiert haben.

Lass dir von niemandem deine Träume und Ziele ausreden

Lass dir von niemandem sagen, was du kannst und was du nicht kannst.
Wenn dies doch eintritt, dann reagiere und wechsele dein soziales Umfeld. Lass dir von niemandem Grenzen aufzeigen. Du selbst bestimmst deinen Lebensweg.

Als Erstes wirst du ausgelacht

Ich wurde ausgelacht, als ich mir eine Wohnung und eine Garage zum Vermieten zulegte.
Ich wurde ausgelacht, als ich Bitcoin unter 2.000 € kaufte.
Ich wurde ausgelacht, als ich vermehrt Aktien kaufte.
Ich wurde ausgelacht, als ich verkündete, dass ich ein Buch schreiben werde.

Danach wirst du bekämpft

Es wird alles, was du machst, schlecht geredet:

„Immobilien sind nicht mehr rentabel. Hast du noch nie etwas von der Immobilienblase gehört?"
„Hast du nicht in der Zeitung gelesen, dass Bitcoin ein Schneeballsystem ist, welches auf 0 € gehen wird?"
„Du weißt schon, dass die Firmen, von denen du Aktien kaufst, bankrottgehen können?"
„Du und Schriftsteller? Du hast doch kein Journalismus studiert. Mach dich doch nicht zum Affen."

Mit dieser „Sei vernünftig-Leg dich hin und warte bis du stirbst"-Mentalität konnte ich noch nie etwas anfangen.

Es wurde immer wieder Erde auf mich und meine Visionen geschüttet. Mein Umfeld verstand einfach nicht, dass ich ein Samen war.
Die Glaubenssätze meiner direkten Umgebung waren komplett andere als meine.
Wenn ich aber in Investoren- oder Autoren-Netzwerken und auf Seminaren unterwegs war, hatten alle die gleichen Glaubenssätze. Alle hatten diese innere Überzeugung, dass es möglich ist, finanziell unabhängiger zu leben, und dass es möglich ist, ein Buch zu schreiben. Die Realität meiner Netzwerke war eine komplett andere als die meiner direkten Umgebung.

Lass die Nörgler und Zweifler links liegen. Höre auf Menschen, die da sind, wo du hinmöchtest. Nicht auf Menschen, die du schon längst überholt hast.

Gerade weil ich nie aufgegeben und auf Menschen gehört habe, die weiter waren als ich, bin ich heute da, wo ich bin.
Ich bin heute noch besessen danach, mir Glaubenssätze von erfolgreichen Menschen anzueignen. Glaubenssätze, die mich nach vorne bringen und erfolgreich machen.

Zur Inspiration findest du hier einige Beispiele:

- Dein Netzwerk ist dein größtes Kapital.
- Ich alleine bin verantwortlich für all das, was mit mir passiert.
- Ich bin in der Lage, die notwendigen Fähigkeiten zu erlernen, um meine gesteckten Ziele zu erreichen.
- Es gibt keinen Misserfolg. Das Leben gibt mir ausschließlich Feedback.
- Ich kann immer etwas Neues lernen und mich weiterentwickeln.

- Ich bin für mein eigenes Glück verantwortlich.
- Ich setze mir klare Ziele und verfolge sie konsequent.
- Ich vertraue auf meine Fähigkeiten und meine Intuition.

Keinen interessiert deine Geschichte, außer du gewinnst. Also GEWINNE!

„Wunder beginnen immer dann,
wenn wir unseren Träumen mehr Energie geben
als unseren Ängsten."
Unbekannt

Du bist dein einziges Limit

Auf deinem Erfolgsweg sind deine Gedanken, deine Überzeugungen, dein Umfeld und deine Glaubenssätze dein einziges Limit.

Leg das Buch mal kurz zur Seite und denke mal über diesen Satz nach. Was dieser Satz für eine Power hat. Du setzt dir deine eigenen Limits!
Wenn du dies bis in die letzte Zelle deines Körpers verstanden hast und dir vornimmst, deine inneren Bremsen zu lösen, dann wirst du dich schnell, bei was auch immer du gerade machst, verbessern.

Wenn du eine Serie oder einen Film anschaust, dann konsumierst du etwas, was der Regisseur sich ausgedacht hat. Du fühlst Spannung, Liebe, Wut oder Angst. Aber selbst Regisseur von seinen Gedanken und Gefühlen zu sein, fällt vielen Erwachsenen extrem schwer. Wir werden darauf getrimmt, nicht groß zu denken und im Fluss der Gesellschaft mitzuschwimmen, sich keine Illusionen zu machen. Wir werden zu Zirkustieren dressiert.

Es war doch schon immer so ...
Jeder macht es doch so ...

Du kennst die Sprüche sicherlich auch.

Erst neulich habe ich von einem Bekannten gehört, dass man sich doch nicht selbst anlügen soll mit seinen eigenen Gedanken.

Ja, aber wenn du über alles negativ denkst, dann lügst du dich doch auch an. Denn du weißt ja noch nicht, was die Zukunft bringen wird. Vielleicht kommt alles ganz anders?
Die Frage ist aber, welche Sichtweise wird dich näher an deine Ziele bringen? Eine negative oder eine positive?

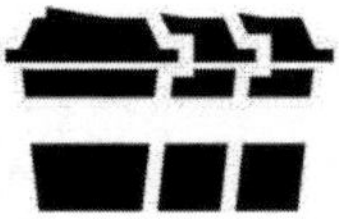

Du bist Regisseur von deinem Leben, deinen Gedanken, Zielen und Träumen

Was war in deinem jetzigen Leben bislang alles filmreif? Schreibe doch mal ein Drehbuch von deinem Leben. Welche außergewöhnlichen Momente hast du erlebt? Was hast du bislang alles erreicht? Schreibe stichwortartig alles auf, was dir einfällt.

Nun schreibst du ein zweites Drehbuch, wie dein restliches Leben in deinen Gedanken und in Bezug auf deine Ziele ablaufen soll. Schreibe alles auf, was du erreichen und erleben willst, welche Eigenschaften du erlernen möchtest usw.
Wie stellst du dir dein perfektes Leben vor?

Welches deiner zwei Drehbücher hätte mehr Potenzial zum Blockbuster?
Sehr oft ist unsere Realität grau, trüb und langweilig. Wir bleiben in unserer Komfortzone und setzen uns keine richtigen Ziele, da wir Angst haben, daran zu scheitern. Wir leben so vor uns hin und geben in keinem Bereich unseres Lebens so richtig Vollgas.

Oft machen wir den Fehler,
dass wir alle anderen überschätzen
und uns selbst unterschätzen.
Also sage ich dir nun aus voller Überzeugung:
Du, lieber Leser, bist BESSER, als du denkst!

„Wir sind, was wir denken. Alles, was wir sind,
entsteht aus unseren Gedanken.
Mit unseren Gedanken formen wir die Welt."
Buddha

Erfolgreiche Menschen treten selbstbewusst auf

Als Radrennfahrer ist dein schlimmster Gegner immer der Gegenwind. Je schneller du nämlich fährst, desto stärker wird auch der Gegenwind.
Je erfolgreicher und schneller du im Leben vorankommst, desto stärker wird auch hier der Gegenwind, dem du begegnen wirst.

Selbstbewusstsein heißt nicht,
wie du dich fühlst, wenn du
Rückenwind hast und alle dich feiern.
Nein, das wahre Selbstbewusstsein
zeigt sich bei Gegenwind,
wenn alle dich ablehnen.

Um erfolgreich zu sein, brauchst du eine gesunde Portion Selbstbewusstsein.
Ein selbstbewusster Mensch ergreift eher Chancen, die sich ihm bieten, und geht Herausforderungen mit Entschlossenheit an.
Selbstbewusstsein heißt, sich SELBST seiner Talente, Stärken, Schwächen oder Abneigungen BEWUSST zu sein.
Selbstbewusst heißt also nicht, nur immer richtigzuliegen, wie man meinen könnte. Nein, selbstbewusst heißt auch, keine Angst zu haben, falsch zu liegen.

Achtung:
Selbstbewusstsein hat nichts mit extrovertiert sein zu tun. Auch introvertierte Menschen können selbstbewusst sein.

Ein schwaches Selbstbewusstsein erkennt man, wenn:

- man Angst hat, Fehler zu machen.
- man Probleme ewig mit sich herumschleppt.
- man sich oft mit anderen Menschen vergleicht.
- es einem schwerfällt, „Nein" zu sagen.
- man es ständig allen recht machen will.

Ein starkes Selbstbewusstsein erkennt man, wenn:

- man sich selbst akzeptiert, wie man ist.
- man sich selbst liebt. Kannst du in den Spiegel schauen und dir selbst sagen: „Geil! Ich liebe mich!"?
- man sich selbst unter Kontrolle hat. Hast du deine Emotionen unter Kontrolle?
- man Selbstverantwortung für sein Leben übernimmt.
- man ordentlich mit sich selbst umgeht und Selbstachtung pflegt.

Menschen mit wenig Selbstbewusstsein haben eine große Differenz zwischen ihrem Selbstbild und ihrem Fremdbild.
Du kannst ganz einfach diese zwei Tests durchführen und die Resultate vergleichen:

Selbstbild-Test
Selbstbild ist das Bild, was du von dir selbst hast. Schreibe 3 Stärken und 3 Schwächen von dir auf:

____
____
____
____
____
____

Fremdbild-Test
Fremdbild ist das Bild, was dein Umfeld von dir hat. Frage deine Eltern, deinen Partner, Geschwister, Freunde und Arbeitskollegen nach 3 Stärken und Schwächen von dir:

____
____
____
____
____
____

Vergleiche die Ergebnisse aus deinem Selbstbild und deinem Fremdbild. Je weniger die Abweichung dieser 2 Bilder, desto selbstbewusster wirkst du.[25]

Selbstbewusstsein hilft einem dabei, erfolgreich durchs Leben zu gehen. Oft ist man beim Erreichen seiner Ziele darauf angewiesen, dass andere einen unterstützen. Trittst du selbstbewusst auf, wirst du es wesentlich leichter haben, andere zu überzeugen, dich bei dem, was du erreichen möchtest, zu unterstützen.
Trittst du selbstbewusst in ein Restaurant, so wirst du eher einen Platz bekommen als andere.
Bist du selbstbewusst in deinem Job, wirst du eher höhere Stellenangebote erhalten als andere.
Trittst du selbstbewusst bei der Partnersuche auf, so wirst du auch hier die Qual der Wahl haben.
Zudem gehen selbstbewusste Menschen viel besser mit Problemen um.

Aber wie wird man eigentlich selbstbewusster?

Indem man diesen Erfolgslatte bis zum Boden ausschlürft! Ich gebe dir nun Erfolgs-Tipps für mehr Selbstbewusstsein mit auf den Weg. Alles Dinge, die ich dir in diesem Buch schon näher erläutert habe:

1) Affirmationen stärken dein Selbstbild und helfen dir, positive Gedanken in den Vordergrund zu bringen.

Hier eine Liste mit Affirmationen, die ich selbst für mich nutze. Du kannst sie dir mehrmals am Tag aufsagen:

- Ich bin stärker als meine negativen Gedanken und lasse sie nicht mein Leben bestimmen.
- Ich konzentriere mich auf das Positive in meinem Leben.
- Ich bin stark und bin ein Vorbild für andere.
- Ich bin in jeder Zelle meines Körpers gesund.
- Ich bin wertvoll und verdiene es, ein glückliches und erfülltes Leben zu führen.
- Mit jedem Tag werde ich besser darin, meine Gedanken zu kontrollieren und mein inneres Gleichgewicht zu bewahren.
- Ich verspüre pure Lebensfreude und bin angetrieben, erfolgreich zu sein.

Am wirkungsvollsten sind auf dich personalisierte Affirmationen.
Im Kapitel „Werde erfolgreich, indem du die Aufmerksamkeit auf positive Dinge legst" hast du deine negativen Gedanken in positive Gegenpole umgewandelt. Nimm dir nun deine positiven Gegenbeispiele zur Hand und personalisiere deine Affirmationen auf dich und dein Leben:

personalisierte Affirmation 1

____

____

personalisierte Affirmation 2

____

____

personalisierte Affirmation 3

____

____

Es ist wichtig zu erwähnen, dass Affirmationen nur effektiv sind, wenn man das aufgesagte auch wirklich glaubt. Sie müssen zu deinen Zielen passen und realistisch wirken.

Gelegentlich, wenn ich das Empfinden habe, dass die Affirmation nicht vollständig in meinem Unterbewusstsein ankommt, verstärke ich sie wie folgt:
Ich nehme mir Stift und Papier und schreibe mir die Affirmation in Bart Simpson-Manier zwanzigmal auf. Dies tue ich für mindestens drei Wochen:

- *Ich, Hammer Luc, bin in jeder Zelle meines Körpers gesund!*
- *Ich, Hammer Luc, bin in jeder Zelle meines Körpers gesund!*
- *Ich, Hammer Luc, bin in jeder Zelle meines Körpers gesund!*
- ...

Durch Affirmationen haben sich bei mir schon oft Chancen aufgetan. Hat das Universum mir diese nun geschenkt, wegen meiner gezielten Affirmation oder war es doch nur reiner Zufall?
Solange sich die Chancen bei mir auftun, können wir uns gerne darauf einigen, dass alles nur Zufall ist.

2) Wenn du abends zu Bett gehst, reflektiere deinen Tag und schreibe dir drei Erfolge auf, die du an dem Tag erreicht hast. Das stärkt deine Wahrnehmung für Erfolge und gibt deinem Selbstvertrauen einen Push.

Schreibe dir ebenfalls drei kleine Ziele auf, für die du am nächsten Morgen voller Energie aufstehen wirst.

3) Definiere deine Ziele klar. Ein Ziel ohne Deadline bleibt lediglich ein Traum. (Kapitel: „Das innere GPS – Der Wegweiser zu deinen Zielen")

4) Konzentriere dich auf eine positive Körpersprache. Gehe, sitze und stehe aufrecht! Du strahlst etwas anderes aus, mit einer aufrechten Körperhaltung.

5) Betrüge dich nicht selbst. Sei immer ehrlich zu dir selbst.

Wenn du abnehmen willst und heimlich eine Tafel Schokolade verputzt, betrügst du dich nur selbst. Wenn du anstatt 8 km, nur 4 km joggen gehst, betrügst du dich nur selbst.

Du musst dir selbst vertrauen, dass du dich an deine eigenen Abmachungen hältst.

6) Werde dir bewusst über deine Glaubenssätze und ändere sie. Wenn du dir andere Geschichten erzählst, wirst du auch andere Ergebnisse erzielen. Deine innere Welt spiegelt deine äußere Welt wider.

Die Person, mit der du am meisten kommunizierst, bist du selbst. Du hast es also selbst in der Hand, mit den richtigen Glaubenssätzen und Geschichten, die du dir selbst erzählst, selbstbewusster und erfolgreicher zu werden. (Kapitel: „Limitierende Glaubenssätze")

7) Achte auf deinen Körper. Treibe regelmäßig Sport für ein besseres Körpergefühl, trage saubere Kleidung und pflege dich gut. Wenn du dich selbst wohlfühlst, bist du automatisch selbstbewusster.

8) Lache so viel wie möglich. Lachen löst Glückshormone aus, was dein Erscheinungsbild verbessert. Es wirkt sich positiv auf dich und dein Dunstfeld aus, denn keiner ist gerne umgeben von unzufriedenen Menschen.

9) Vermeide Füllwörter wie „eigentlich", „ich versuche", „im Prinzip", „normalerweise". Das sind alles Opferformulierungen. Ein selbstbewusster Mensch verzichtet auf solche Füllwörter.

„Eigentlich wollte ich heute zum Sport." - Wolltest du es jetzt, oder nicht?
Entweder du machst es oder du lässt es sein! Übernimm Selbstkontrolle.

10) Nimm dich deiner Probleme an und suche nach Lösungen. Wenn du aus eigener Kraft ein Problem löst, wirst du Glückshormone ausschütten, die dich stolz und selbstbewusster machen.

11) Triff Entscheidungen!

Kennst du die Leute, die nie eine Entscheidung treffen können?
„Ich weiß aber nicht, ob ich Lust auf italienisches, indisches oder doch japanisches Essen habe."
„Soll ich jetzt das rote oder doch lieber das blaue Kleid anziehen?"
Wie um Gottes willen willst du in deinem Leben wichtige Entscheidungen treffen, wenn du schon beim Essenbestellen oder der Kleiderwahl überfordert bist?

Trainiere deinen Entscheidungsreflex und triff schneller Entscheidungen. Die Summe all deiner Entscheidungen, die du triffst, spiegelt deinen Erfolg wider.

„Selbstvertrauen gewinnt man dadurch,
dass man genau das tut, wovor man Angst hat,
und auf diese Weise eine Reihe von
erfolgreichen Erfahrungen sammelt."
Dale Carnegie

Ein extra Shot Espresso für deinen Erfolgslatte

Mein letzter Erfolgstipp ist ein richtiger Booster: **verkaufen lernen.**

Ja, du hast richtig gelesen, verkaufen lernen ist dein extra Espresso Shot mit purem Erfolgsgeschmack. Dieser bringt dich so richtig in Fahrt. Verkaufen ist eine Superpower von erfolgshungrigen Menschen.

Du denkst vielleicht, dass verkaufen nur was für Profis ist.

Aber tust du es nicht auch täglich? Also verkaufen, meine ich.

Sobald du nämlich mit anderen Menschen in Kontakt kommst, verkaufst du dich, deine Ideen, deine Visionen und Sichtweisen. Ja, wir verkaufen uns ständig, jeden Tag. Egal, ob du eine neue Wohnung besichtigst, in einem Vorstellungsgespräch sitzt oder auf Partnersuche bist.

Du bist Single und entdeckst eine Frau oder einen Mann, der/die dich auf den ersten Blick anzieht. Diese Person ist eventuell die Liebe deines Lebens und der perfekte Partner. Wenn du dich nicht richtig vermarktest, dich nicht traust, diese Person charmant anzusprechen, nicht gut gekleidet bist, keinen frischen Haarschnitt hast und muffelst, wird sich daraus vermutlich nie was entwickeln.

Ja, auch Eltern sind Vollblutverkäufer.

Erst neulich habe ich versucht, meinem Sohn einen Apfel anstelle eines Donuts zu verkaufen. Die Masteraufgabe schlechthin! Falls du Kinder hast, kennst du solche Verkaufsverhandlungen sicherlich zur Genüge.

Mir als Topverkäufer hat mein kleinwüchsiger Kunde natürlich den Apfel abgekauft.
Ich habe den Apfel als kleineres Übel dargestellt.

„Isst du nun den Apfel oder doch lieber einen Teller Brokkoli?"

Dies funktioniert übrigens auch sehr gut beim Haushalt.

„Möchtest du lieber den Müll rausbringen oder das ganze Haus staubsaugen und anschließend noch die Spülmaschine ausräumen?"

Schon ist dein Kind auf dem Weg, den Müll rauszubringen.

Das Resultat, was du möchtest, musst du immer als kleineres Übel darstellen.

Du siehst, auch wenn du nicht direkt im Verkauf und Vertrieb tätig bist, begleitet das Thema „verkaufen" dich ständig und überall.

Verkaufen heißt nicht nur, Produkte zu verkaufen. Verkaufen ist ein Teil unseres Alltags. Du musst dich, deine Leistungen, deine Visionen und deine Ziele verkaufen können. Dein Erfolg im Leben ist maßgeblich von deiner Kommunikation abhängig. Verkaufen heißt nichts anderes als kommunizieren. Unser ganzes Leben besteht aus Kommunikation.

Durchs Verkaufen baust du Beziehungen zu anderen Menschen auf.[26]

„Verkäufer bist du immer und überall."
Martin Limbeck

Kommunikation ist keine Einbahnstraße

Zurück in die Sonne, zu meinem Griechenlandurlaub. Als ich den Entschluss, ein Erfolgsbuch zu schreiben, gefasst hatte, setzte sich eine weitere Beobachtung immer mehr in meinem Gedächtnis fest. Jeden Morgen saß ich am Frühstücksbuffet und konnte beobachten, wie die Gäste immer wieder begeistert die kleinen Spatzen dabei beobachteten, wie sie Essensreste von den leeren Tischen stibitzten. Doch meine Aufmerksamkeit galt voll und ganz den Servierkräften, die für mich die eigentlichen Helden des Buffets waren und eine wichtige Erfolgsmentalität verkörperten. Sie empfingen die Gäste nicht nur mit einem Lächeln und einem herzlichen „Kalimera", sondern spielten auch mit den Kindern und behielten stets im Blick, ob Gläser nachgefüllt oder leere Teller abgeräumt werden mussten.
Ja, sie interessierten sich für ihre Hotelgäste, die für sie auch Kunden waren. Sie fragten regelmäßig nach unserem Wohlbefinden, erkundigten sich nach unseren Plänen für den Tag und woher wir kamen. Mit zunehmender Dauer des Urlaubs fühlte ich mich immer wohler. Diese Geborgenheit entstand meiner Meinung nach vor allem durch die immer intensivere Beziehung zum Hotelpersonal. Die Verbindung zu den Mitarbeitern war für mich ein Komplettpaket des Wohlbefindens.
Dies spiegelte sich auch in der abschließenden Hotelrechnung wider. Wir haben nicht an Trinkgeld gespart und hier und da zusätzliche kleine Services in Anspruch genommen. Natürlich haben auch die Lage, Sonne und das Meer ihren Beitrag dazu geleistet, aber ohne diese

herausragenden Verkäufer wäre die Rechnung sicherlich viel niedriger ausgefallen. Es ist kein Zufall, dass viele Gäste im Hotel waren, die bereits mehrmals dort Urlaub gemacht hatten.[27]

Egal, ob du mit deinem Partner, deinen Kollegen, Freunden oder sogar Fremden sprichst – die Art und Weise, wie du kommunizierst, hat weitreichende Auswirkungen auf deinen Erfolg und dein Wohlbefinden. Kommunikation ist das Herzstück unserer täglichen Interaktionen.
Ich gebe dir die wichtigsten Kommunikationsgrundlagen mit auf den Weg, mit denen du vertrauensvolle Beziehungen zu anderen Menschen aufbauen und neue Freundschaften schließen kannst.
Wenn du Menschen für dich gewinnen willst, sei es Kunden, Lebenspartner, Familienmitglieder, Sportkollegen, Arbeitskollegen oder wen auch immer, muss die Redeverteilung wie folgt sein:

- **30 % sprechen, sprich gute Fragen stellen**
- **70 % zuhören**

Wir haben nicht umsonst 2 Ohren und nur einen Mund! Es ist viel wichtiger, zuzuhören als selbst zu sprechen.

30 % Fragen stellen

Nichts ist für die Menschen interessanter, als das, was sie selbst zu erzählen haben.
Zumal wir im Joballtag meistens Befehlen ausgeliefert sind und unsere Meinung selten jemanden interessiert.
Um dies anzukurbeln, kannst du offene Fragen stellen. Fragen, die man nicht mit Ja oder Nein beantworten kann.

- Wie hast du dich dabei gefühlt?
- Was denkst du über ...?
- Was sind deine wichtigsten Erkenntnisse aus ...?
- Was sagst du zu ...?
- Wie würdest du die aktuelle Marktlage beschreiben?

- Wie würdest du den Erfolg dieses Projektes messen?
- Was sind deine Erwartungen an diese Veranstaltung?
- Wie würdest du die Zusammenarbeit mit deinem Team beschreiben?

Dies wird dir helfen, dein Verständnis über Bedürfnisse und Gefühle anderer zu vertiefen und stärkere Beziehungen aufzubauen. Über diesen Weg findest du auch oft Gemeinsamkeiten mit deinem Gegenüber. Man gesellt sich gerne mit Menschen, die Parallelen haben.
Das funktioniert allerdings nur, wenn du auch Fragen stellst, die dich wirklich interessieren. Nur so bist du aufmerksam und wirkst neugierig auf dein Gegenüber. Wenn du deinen Kommunikationspartner spüren lässt, dass dich seine persönliche Meinung wirklich interessiert, fühlt dieser sich sofort abgeholt und wertgeschätzt. Ja, er fühlt sich respektiert.
Stellst du nur Alibifragen, so wird es dir schwerfallen, auch interessiert zu wirken und in ein tiefgreifendes Gespräch einzutauchen.
Nun, wo du dies weißt, ist auch klar, dass jeder Gesprächspartner interessant ist. Wenn ein Gespräch dich langweilt, dann liegt es an dir und deinen Fragen, die du stellst, nicht an deinem Gesprächspartner.

**Die Qualität deiner Fragen entscheidet über die Qualität deiner Kommunikation.
Die Qualität über deine Kommunikation entscheidet wiederum über die Qualität deiner Beziehungen.
Je qualitativ hochwertiger deine Beziehungen, desto erfolgreicher dein Leben.**

„Erfolgreiche Menschen stellen bessere Fragen und erhalten so bessere Antworten."
Tony Robbins

70 % zuhören

Kennst du solche Menschen, die immer nur reden und dir ins Wort fallen?
Als ich als Verkäufer anfing, war eine meiner ersten Erkenntnisse, dass einige selbsternannten Verkaufsprofis darauf gepolt waren, sich beim Kunden fusselig zu reden, ohne wirklich auf dessen Bedürfnisse einzugehen.
Diese Vielsager, bei denen man ständig das Gefühl hat, dass sie ihre Gedanken noch nicht richtig sortiert haben, aber trotzdem mal drauflosquasseln, sind für den Kunden unheimlich lästig. Dieses Phänomen sieht man aber nicht nur im Verkauf, sondern überall in jedem Bereich.

Menschen, die nur von sich reden, werden nie richtige Beziehungen aufbauen.

Deine Worte, die du jeden Tag zu dir selbst oder zu anderen Menschen sprichst, die kennst du nämlich schon! Wie willst du dich also weiterentwickeln, wenn du immer nur deine eigenen Geschichten erzählst?

Viel wertvoller ist es, anderen Menschen zuzuhören. Diese haben ein anderes Wissen, eine andere Denk- und Sichtweise sowie andere Ideen, von denen du lernen und profitieren kannst.

Zeige ernsthaftes Interesse an dem, was dein Gesprächspartner sagt, indem du aufmerksam zuhörst. Schau deinem Gegenüber ständig in die Augen, zeige ihm, dass du voll und ganz bei der Sache bist und jedes Wort verfolgst, was aus seinem Mund kommt. Gelingt es dir, ein guter Zuhörer zu sein, so wirst du überall willkommen sein.

Aktives Zuhören ist eine absolute Grundtugend für eine gute Kommunikation. Als aktiver und guter Zuhörer profitierst du von folgenden Vorteilen:

- Dein Gesprächspartner fühlt Respekt und Wertschätzung.
- Durch das entstehende Vertrauen öffnet sich dein Gegenüber und du erhältst eher wichtige und vertrauensvolle Informationen.
- Durch das Wohlgefühl, das du durchs aktive Zuhören kreierst, kannst du jedes Gespräch einfacher in die von dir gewünschte Richtung lenken.

„Zuhören ist das Öl im Getriebe zwischenmenschlicher Beziehungen."
Roger Willemsen

Storytelling

Es ist dir sicherlich aufgefallen, dass ich zu fast jedem Kapitel bemüht war, eine kleine Story mit einzubauen. Warum? Um dir, lieber Leser, das Lesen interessanter und attraktiver zu gestalten.
Damit das Lesen zu einem Erlebnis wird, ist es wichtig, die Aussagen mit Geschichten und Anekdoten zu untermauern. Somit fällt es dir leichter, die Erfolgsgaranten zu verinnerlichen.
Storytelling ist nicht nur für uns Autoren ein wichtiges Tool, sondern für jeden, der Menschen für sich gewinnen möchten. Diese Fähigkeit macht dein Auftreten in jeder Lebenssituation dynamischer und lebhafter.
Wenn deine Präsentationen oder Unterhaltungen keine interessanten und inspirierenden Geschichten enthalten, könnten sie langweilig werden und dein Gesprächspartner sehnt sich förmlich danach, dass das Gespräch mit dir vorbei ist.

**Eine mitreißende Story schlägt immer die langweilige Excel-Tabelle.
Du gewinnst Menschen eher über Emotionen als über Zahlen, Daten und Fakten.**

Fesselnde und mitreißende Erzählungen führen im Körper zur Freisetzung von Hormonen wie Cortisol, Oxytocin (auch bekannt als „Kuschelhormon") und Dopamin. Diese Hormone lösen nicht nur Emotionen in uns aus, sondern sie fördern auch langanhaltende Erinnerungen, Empathie und Vertrauen.
Dein Gegenüber ist dir somit sympathischer und es fällt dir leichter, soziale Bindungen aufzubauen und zu vertiefen.[28]

**Erzähle mir die Fakten
und ich werde sie lernen.
Erzähle mir die Wahrheit
und ich werde sie glauben.
Erzähle mir eine Geschichte
und sie wird für immer in
meinem Herzen bleiben.**

Das Koffein wirkt

Während ich diese Zeilen schreibe, sitze ich in Barcelona auf einer Terrasse. Schaue auf das tiefblaue Meer, höre das Rauschen der Wellen und Kreischen der Möwen. Ich genieße diesen Augenblick und verstärke ihn noch mit einigen tiefen Atemzügen.
In diesem Moment wurde mir wieder mal eins klar:
Wenn du am Ende deines Lebens angelangt und geistig noch fit bist, zieht dein gesamtes Leben noch einmal an dir vorbei.
Wir alle werden diesen Zeitpunkt irgendwann erleben. Früher oder später liegen wir im Krankenbett und unser Film des Lebens wird ein allerletztes Mal vor unseren Augen abgespielt. Wenn dieser Film zu Ende ist, gehen alle Lichter aus und wir schlafen für immer ein.
Du wirst dir, wenn du dir ein letztes Mal die Bilder deines Lebens anschaust, vieles vergeben können. Doch es wird eine Sache geben, die du dir nicht verzeihen wirst:

Nämlich die Dinge, die du nicht getan hast!

Du wirst Reue spüren.
Was wäre gewesen, wenn ...
Hätte ich damals doch bloß ...
Reue, dass du dein ganzes verdammtes Leben nur den Geschmack von Vanilleeis kanntest. Du wirst es bereuen, nicht nach deinen Träumen und Vorstellungen gelebt zu haben.
Du bist dein ganzes Leben in deiner Komfortzone geblieben, da du Angst hattest, zu scheitern und Fehler zu machen.
Du wirst für immer einschlafen und es dir nicht verzeihen, dass du nicht **DEIN Leben** nach **DEINEN Vorstellungen** gelebt hast.[29]

Das Leben ist wie ein Spiegel.
Es macht immer das, was wir tun.
Du entscheidest, was dir das Leben gibt.
Du ganz allein!
Du hast nur dieses eine Leben und
die Zeit auf dieser Welt ist begrenzt!
Warte nicht bis zur Rente, um deine Ziele zu
verwirklichen, denn dann wird es zu spät sein.
Bitte, lieber Leser, nimm dir dies zu Herzen.
Ich wünsche mir,
dass du deinen Tagen mehr Leben schenkst!

„Der Mensch muss keine Angst vor dem Tod haben,
sondern eher vor dem ungelebten Leben."
Marcus Aurelius

Wiederholung deiner Zielesetzung – Schau dir deine Zieldestinationen aus dem Kapitel „Das innere GPS – Der Wegweiser zu deinen Zielen" noch einmal an und erweitere/verfeinere sie bei Bedarf:

Wo siehst du dich in 1 Jahr? Wie schaut dein Leben in 1 Jahr aus?

Gesundheit und Körper:

Finanzen:

Beziehungen: (Welche Menschen mit welchen Fähigkeiten möchtest du um dich haben?)

Reisen:

Karriere/Beruf/Unternehmen:

____
____
____
____

Wo siehst du dich in 5 Jahren? Wie schaut dein Leben in 5 Jahren aus?

Wie alt bist du dann: _____

Gesundheit und Körper:

____
____
____
____

Finanzen:

____
____
____
____

Beziehungen: (Welche Menschen mit welchen Fähigkeiten möchtest du um dich haben?)

____
____
____
____

Reisen:

____
____
____
____

Karriere/Beruf/Unternehmen:

____
____
____
____

Wo siehst du dich in 10 Jahren? Wie schaut dein Leben in 10 Jahren aus?

Wie alt bist du dann: _____

Gesundheit und Körper:

____
____
____
____

Finanzen:

____
____
____
____

Beziehungen: (Welche Menschen mit welchen Fähigkeiten möchtest du um dich haben?)

____
____
____
____

Reisen:

____
____
____
____

Karriere/Beruf/Unternehmen:

____
____
____
____

Der Becher ist leer.

Du hast den Erfolgslatte nun ganz ausgetrunken. Ich hoffe, er hat dir geschmeckt und das Koffein wirkt. Du bist jetzt bereit, dein perfektes Sandwich zu erstellen, sprich, an deinen Projekten erfolgREICH zu arbeiten.

Ich habe eine letzte Frage an dich:

Was nimmst du aus *Der pure Erfolgsgeschmack* mit? Gehe die Kapitel nochmal durch und schreibe dir die Erfolgsgaranten nieder, an denen du arbeiten wirst, um noch erfolgreicher zu werden:

____
____
____
____
____
____
____

Falls du nicht weißt, wie du dein viel verdientes Geld gewinnbringend anlegen kannst, um finanziell unabhängiger zu werden, dann empfehle ich dir ein letztes Mal mein Buch: *Golden Brain: Lerne die Grundlagen des Investierens und werde finanziell unabhängiger*.

Ständig führen wir in unserem Kopf einen inneren Monolog! Du stellst dir irgendwelche Fragen, auf die du Antworten suchst. Wenn du dir in Bezug zu deinen Finanzen die falschen Fragen stellst, dann wirst du auch immer wieder falsche Antworten bekommen.

Golden Brain wird dein Money-Mindset auf ein noch höheres Niveau bringen und dir somit zu noch mehr Geld verhelfen, weil du in *Golden Brain* die besten Investmentstrategien und lukrativsten passiven Einkommensströme der Superreichen erhältst.
Erfolgreiche Menschen treffen schnelle Entscheidungen! Hol dir jetzt *Golden Brain* und lass dein Geld maximal effektiv für dich arbeiten!

Kennst du deinen aktuellen Kontostand und welche Summe du brauchst, um das Leben deiner Träume zu führen?
Golden Brain ist ein Geldratgeber, der die Karten des Geldes offenlegt. Ich nehme dich mit auf eine Vermögensreise, die dir nicht nur einen neuen Blickwinkel auf

das Thema Geld aufzeigt, sondern dir auch die Grundlagen vermittelt, um finanziell unabhängiger zu werden. In *Golden Brain* erfährst du:

- Was Reichtum mit deiner finanziellen Intelligenz zu tun hat.
- Was du konkret machen kannst, um deine Finanzen nachhaltig zu verbessern.
- Wie du zu einem erfolgreichen Investor wirst und dein Geld für dich arbeiten lässt.
- Du erhältst außerdem einen exklusiven Einblick in das Investorenleben von 4 finanziell freilebenden Menschen!

Golden Brain – das goldene Gehirn spiegelt mein Lebensmotto wider:

Beschäftige dich mit deinen Finanzen, denn: „Wer nicht investiert, verliert!"

Warnung: Wenn du nicht bereit bist, neue Denkmuster aufzubauen und lieber auf den Lottogewinn wartest, dann ist dieses Buch garantiert nichts für dich.

Amazon

PS: Ich hoffe, du hattest viel Freude an meinem Buch und nimmst konkreten Mehrwert für dich mit. Der Prozess, ein solches Buch zu schreiben, vom ersten Wort bis zur Veröffentlichung, ist sehr langwierig und zeitaufwendig. Gerade für junge Autoren ist ein Feedback von den Lesern unglaublich wichtig. Ich würde mich sehr freuen, wenn du mich unterstützt und eine Bewertung zu diesem Buch auf Amazon.de hinterlässt.
Genauso freue ich mich über direktes Feedback über meine Webseite ***luchammer.de***, über Instagram ***@luc.hammer*** oder per Mail unter ***autor@luchammer.de***.

Erst, wenn dein Inneres zwischen deinen Ohren Funkelt wie Gold, wird das Äußere auch zu Gold.

Instagram

Website

Über den Autor

Seine Bücher *Der pure Erfolgsgeschmack* und *Golden Brain* spiegeln sein Lebensmotto wider:

„Wer nicht investiert, verliert!"

Wenn er nicht gerade auf der Suche nach neuen Investitionen ist, treibt er Sport, plant Reisen und genießt die Zeit mit seiner kleinen Familie. Sein Ziel ist es, so viele Menschen wie möglich für die Themen Finanzen und Persönlichkeitsentwicklung zu begeistern und ihnen auf eine einfache Art und Weise Wege aufzuzeigen, wie auch sie vermögender und erfolgreicher werden können. Luc Hammer wurde 1989 in Luxemburg geboren und arbeitete lange Zeit als IT Project Manager, bevor er das Thema „Verkaufen" für sich entdeckte. Heute ist er Verkäufer für professionelle Kunden im Logistik Bereich. Er ist leidenschaftlicher Privatanleger, Immobilieninvestor und Autor. Er verfolgt das klare Ziel der finanziellen Unabhängigkeit. Schon in jungen Jahren befasste er sich mit dem Vermögensaufbau und steigert stetig sein passives Einkommen.

Literatur & Quellenverzeichnis

[1] *Zu Kurt Vonnegut siehe: https://de.wikipedia.org/wiki/Kurt_Vonnegut*

[2] *Zu Dopaminlevel erhöhen siehe: https://praxistipps.focus.de/dopamin-erhoehen-diese-5-natuerlichen-tipps-helfen_126247*

[3] *Zu Wirtschaftskraft Dubai siehe: https://www.dsc.gov.ae/en-us/Pages/Statistical-Dashboards.aspx*

[4] *Zu Smartcity Dubai siehe: https://www.digitaldubai.ae/initiatives*

[5] *NEIN-Noch ein Impuls nötig habe ich in abgewandelter Form aus folgendem Buch: Martin Limbeck: Nicht gekauft hat er schon – So denken Top-Verkäufer (Redline Verlag) 2018*

[6] *Hier findest du alles über Thomas Edison, von Zitaten über seine Biografie und noch vieles mehr: https://www.thomasedison.org*

[7] *Zur ARD/ZDF Onlinestudie siehe: https://www.tagesschau.de/inland/gesellschaft/online-studie-103.html*

[8] *Zu Inflationschart und Vorhersage siehe: https://data.oecd.org/price/inflation-forecast.htm#indicator-chart*

[9] *Mehr zum Thema „achtsames Atmen": https://www.geo.de/wissen/gesundheit/wie-wir-stress-wegatmen-koennen--30514866.html*

[10] *Zu Ablenkung und digitaler Stress siehe: https://www.redbull.com/at-de/theredbulletin/fokuszeit-leistung-steigern-job*

[11] *Das Zitat „Focus-Follow one course until success" habe ich aus folgendem Buch: Donald Trump & Robert T. Kiyosaki: Why we want you to be rich (Plata Edition) 2014*

[12] *Alles zu Jim Rohn findest du auf seiner offiziellen Webseite: https://www.jimrohn.com/*

[13] *Hier findest du einen Berufswahltest: https://www.perspektiven-finden.com/berufe/welcher-beruf-passt-zu-mir*

[14] *Angst sind nur unsere Gedanken: Aus einem Interview, was ich mit Babs Steger für Golden Brain geführt habe. (S.359)*

[15] *Auswirkung von negativen Gedanken aus: Jeffrey H. Gitomer: Little Gold book of YES! Attitude (Sound Wisdom) 2018*

[16] *Buchtipp: Viktor E. Frankl: Sag trotzdem ja zum Leben (Penguin Verlag) 2018 , einem österreichischen Psychiater und Holocaust-Überlebenden. In diesem Buch berichtet er, wie er in ein Konzentrationslager verschleppt wurde, wo er ständig dem Tod in die Augen sehen musste und sich trotzdem darauf fokussierte, sich in glückliche Lebensmomente zu versetzen.*

[17] *Buchtipp: Dr. Joe Dispenza: Du bist das Placebo (Koha Verlag) 2014*

[18] *Zur Formel SEIN+TUN=HABEN:*
https://www.youtube.com/watch?v=xUuzDrQT94U

[19] *Mein erstes Finanzbuch: Robert T. Kiyosaki: Rich Dad Poor Dad – What the Rich Teach Their Kids About Money That the Poor and Middle Class Do not! (Plata Publishing)*

[20] *Buchtipp: Bruce H. Lipton: The Biology of Belief (Hay House Inc.) 2016*

[21] *Buchtipp: Dr. Joe Dispenza: Becoming Supernatural – Wie gewöhnliche Menschen das Ungewöhnliche tun (Hay House) 2019*

[22] *Andre Agassi: Mehr zum mentalen Training:*
https://www.palverlag.de/mentales-training.html

[23] *Inspirierende Motivationsrede von Arnold Schwarzenegger:*
https://www.youtube.com/watch?v=PvonFQ7W2Z4

[24] *Weitere Erklärungen zu einer To-Be Liste: https://www.oprah.com/spirit/make-your-to-be-list-before-your-to-do-list/all*

[25] *Im Netz findest du viele Selbstbewusstsein-Tests. Hier ist ein Beispiel: https://www.gesundheit.de/selbsttests/psychologie/wie-ausgepraegt-ist-ihr-selbstbewusstsein*

[26] Buchtipps zum Thema Verkauf:
Frank Bettger: Lebe begeistert und gewinne (Oesch Verlag) 2011Dale Carnegie & Assoc.
J. Oliver Grom und Michael Grom: Der Verkäufer in dir! – Das Dale Carnegie Verkaufstraining (Fischer) 2005
Hans Christian Altmann: Kunden kaufen nur von Siegern (Redline Verlag) 2015

[27] Ich bin dir noch Schuldig, von welchem Hotel ich hier spreche:
Das Sani Resort auf der Halbinsel Kassandra besteht aus 5 luxuriösen und einzigartigen Hotels (Sani Beach, Sani Dunes, Sani Porto, Sani Club und Sani Asterias) https://sani-resort.com/de

[28] Möchtest du das Thema Kommunikation vertiefen, dann hier mein Buchtipp:
von Dale Carnegie: Wie man Freunde gewinnt – Die Kunst beliebt und einflussreich zu werden (FISCHER Taschenbuch) 2011

[29] Buchtipp: Bronnie Ware:
5 Dinge, die Sterbende am meisten bereuen: Einsichten, die ihr Leben verändern werden (Goldmann Verlag) 2015

Printed in Poland
by Amazon Fulfillment
Poland Sp. z o.o., Wrocław

25435861R00094